태교
신기

이 책은
이사주당기념사업회의 후원으로 간행되었습니다.

수익금은 작은 나눔의 일환으로
빈곤층의 임신부에게 기부합니다.

사주당 이씨師朱堂李氏 지음
이수경 · 홍순석 옮김

한국문화사

태교신기

1판1쇄 발행 2010년 5월 20일
2판1쇄 발행 2011년 4월 20일
2판2쇄 발행 2011년 12월 30일
2판3쇄 발행 2015년 5월 20일

지 은 이 사주당 이씨師朱堂李氏
옮 긴 이 이수경 · 홍순석
펴 낸 이 김 진 수
펴 낸 곳 **한국문화사**
등 록 1991년 11월 9일 제2-1276호
주 소 서울특별시 성동구 광나루로 130 서울숲IT캐슬 1310
전 화 (02)464-7708 / 3409-4488
전 송 (02)499-0846
이 메 일 hkm7708@hanmail.net
홈페이지 www.hankookmunhwasa.co.kr

책값은 뒤표지에 있습니다.

잘못된 책은 바꾸어 드립니다.

ISBN 978-89-5726-864-3 03470

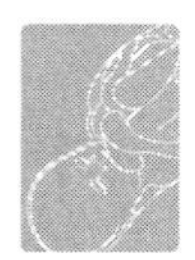

|간|행|사|

이사주당李師朱堂과의 만남은 용인지역의 향토사를 연구해 온 내겐 큰 수확이었다. 1995년 12월 언문학자 유희柳僖선생의 묘역을 찾아 나섰다가 사주당의 묘소까지 확인하게 된 것이다.[1] 때마침 경기도에서는 사주당을 여성 실학자로 선정하여 선양사업을 계획하고 있었다. 용인향토문화연구회에서는 '용인의 큰 여성'으로 부각하고자 노력을 기울였다. 이같은 노력에도 불구하고 사주당의 선양사업은 다른 여성 실학자에 비해 진작振作되지 못하였다. 2000년 6월, 유희선생이 '이달의 문화인물'로 선정되면서 다시 사주당에게 관심이 기울여졌다. 방송매체에서는 사주당의 ≪태교신기胎教新記≫에 주목하였다.[2] 이에 힘입어 사주당의 위상을 가늠하려는 학술심

---

[1] 이사주당의 묘는 한국외대 용인캠퍼스에 접해 있는 모현면 왕산리 노고봉 7부 능선에 있다. 3부 능선에 있는 유희柳僖 묘소로부터 남동방향으로 약 800m지점이다. 1995년 12월 6일에 유희선생 7대 후손인 유기봉씨의 안내로 박용익씨(작고)와 필자가 확인하고 <성산신문>에 처음으로 공개하였다.

포지엄도 개최되었다.[3]

대다수의 조선시대 여인이 각자의 재능과 학식을 펼칠 수 있는 기회를 갖기란 거의 불가능했다. 그런 가운데서도 이사주당은 성리학을 비롯하여 다양한 영역의 책을 탐독하였으며, ≪태교신기≫를 저술하여 여성 실학자로 인정되었다. 이제는 여성학·한의학·사회학·서지학 등 다양한 영역에서 단편적인 논문들이 발표되고 있으며, 근래에는 국역서도 몇 종 출간되었다.[4]

필자 역시 여러 차례 <여성 실학자 사주당 이씨>를 특강한 바 있다. 그리고 틈틈이 ≪태교신기≫를 국역해 두었다. 수년 전에 국역을 마치고도 부질없는 일이라는 생각이 들어 출간하지 않았다. 새삼 출간을 결정한 것은 작년 봄이다. 용인시 공무원연수 과정에서 한 팀의 토론주제로 "아이를 낳고 싶은 도시-용인"이 제기되었다. 이어 연말에는 용인시에서

---

[2] 사주당에 대해서는 KBS <시간여행 역사속으로>(2003.4.07, 39회 방송), MBC <역사스페셜: 태교신기의 신비>(2004.9.13~14)에서도 방영되었다. <시리즈>경기 여성을 찾아서-(10)태교의 소중함을 가르친 사주당 [뉴시스 2004.2.1]에서도 소개하였다.

[3] 2006년 11월 9일, 경기도향토사연구협의회 주관으로 용인시 문화예술원 국제회의실에서 <조선후기 여성지식인 사주당이씨>라는 심포지엄을 개최한 바 있다.

[4] 이 책 뒤쪽의 <참고문헌>에서 구체적인 성과물을 확인할 수 있다.

'아이낳기 좋은세상 운동본부'가 출범하였다. 더 이상 출간을 미룰 수 없는 좋은 여건이라는 생각에 그동안 서랍 속에 방치하였던 원고를 다시 손질하고, 출간하기에 이르렀다.

아무쪼록 이 책의 간행이 계기가 되어 사주당에 대한 관심이 고조되길 기대한다. 올해에는 사주당의 묘소에 빗돌이라도 세울 수 있는 빌미가 되었으면 좋겠다. 이 책을 출간하는데 많은 도움을 주신, '아이낳기 좋은세상 운동본부'와 이사주당기념사회 여러 임원에게 심심한 감사를 드린다. 아울러 항상 필자의 원고를 마다않고 간행해주는 한국문화사 김진수 사장에게 감사의 예를 표한다.

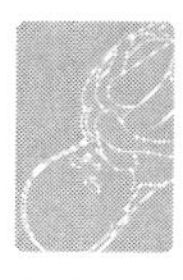

| 차 | 례 |

간행사_5
일러두기_11
해설_12
지은이에 대해_18

태교신기서 ―― 29
태교신기음의서략 ―― 34
태교신기장구대전 ―― 41

제1장 ―― 43
제1절 사람의 기질의 유래___45
제2절 태교와 스승의 가르침___46
제3절 자식을 낳는 아버지의 도리___47
제4절 자식을 기르는 어머니의 도리___49
제5절 현명한 스승의 도리___51
제6절 가르치지 못함은 스승의 허물이 아니다___52

제2장 ―― 53
제1절 태는 성품의 근본이다___55
제2절 군자는 태를 위하여 삼가야 한다___56

제3장 — 57

제1절 사랑하기보다 가르치기를 미리 하여야 한다___59

제2절 아이가 잘못되어 가문을 떨어뜨린 후에 운명의 탓으로 원망한다___60

제3절 성인께서 태교의 법을 만드시다___61

제4장 — 63

제1절 태를 기르는 사람은 어머니만이 아니다___65

제2절 임신부를 대하는 도리___66

제3절 임신부가 눈으로 보아야 할 것___67

제4절 임신부가 귀로 들어야 할 것___69

제5절 임신부의 마음가짐___70

제6절 임신부의 말하는 도리___71

제7절 임신부의 거처와 양생___72

제8절 임신부가 할 일___73

제9절 임신부의 앉아 움직임의 도리___74

제10절 임신부가 다니며 서 있을 때의 도리___75

제11절 임신부의 잠자고 눕는 도리___76

제12절 임신부의 먹는 도리___77

제13절 임신부가 해산할 때 할 일___79

제14절 어머니 된 자는 삼가야 한다___80

제5장 — 81

제1절 태교의 요점은 근신이다___83

제2절 스스로 태교의 이치를 깨우치게 하다___84

제3절 태교를 권하는 말___85

제6장 ———— 87
태교를 행하지 아니한 해로움___89

제7장 ———— 91
제1절 임신부는 사술邪術을 경계해야 한다___93
제2절 임신부는 사사로운 마음을 경계해야 한다___94

제8장 ———— 95
제1절 태아를 잘 길러야 하는 이유___97
제2절 태교를 행하지 않음을 탄식하다___98

제9장 ———— 99
옛 사람들은 태교를 충실히 행하였다___101

제10장 ———— 103
태교의 근본을 거듭 말하다___105

부록:
사주당 이씨부인 묘지명병서 ———— 109
태교신기 발문 ———— 114

■ 일러두기

- 이 책의 원문은 국립도서관 소장 석판본 ≪태교신기胎教新記≫를 저본으로 하였으며. 성균관대 소장본을 대조하여 교감하였습니다.
- 원문에는 편의 구별만 있고 매 항목의 제목은 없으나 독자의 편의를 위해서 항목마다 해당 내용을 축약해 제목을 달았습니다.
- 원전의 주註는 원문의 괄호 안에 작은 글씨로 표기하였으며, 옮긴이의 주는 번역문에 달았습니다.
- 괄호가 중복되는 것과 괄호 안과 밖의 독음이 다를 경우에 [ ]를 사용했습니다.
- 원전 영인을 부록하여 연구자의 자료로 활용할 수 있게 하였습니다.
- 뒤표지의 글은 옮긴이가 이 책에서 가장 중요하게 생각하는 핵심 문장을 뽑아낸 것입니다.

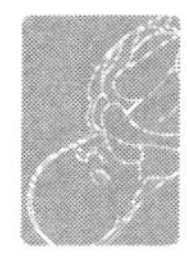

❚ 해설 ❚

≪태교신기≫는 여성 실학자로 추앙되는 사주당 이씨師朱堂李氏)의 저술이다. 태교법을 소개한 단편적인 기록은 이전에도 있었지만, 태교를 집중적으로 다룬 저술은 동서고금을 망라해 ≪태교신기≫가 처음이다.

사주당은 자녀를 가르치는 데 참고하려고 ≪교자집요敎子輯要≫를 저술한 바 있다.[1] 훗날 자녀가 장성하여 이 책이 소용없게 되자 방치하였는데, 우연히 막내딸의 옷상자에서 발견되었다. 사주당은 감회를 느끼며 자신의 체험을 다른 사람들에게도 널리 알리려는 생각을 갖게 되었다. 이에 ≪교자집요≫에서 사소한 것은 버리고, 양태절목養胎節目만 취하여 보다 명확하게 설명하고, ≪소의少義≫≪내칙內側≫에 빠진 것을 보충하였다. 구체적으로 경전에서의 예법을 기본으로 삼고, ≪열녀전烈女傳≫≪대대례기大戴禮記≫에 나오는 태교 이

[1] ≪교자집요≫의 저술 시기는 확실하지 않으나 여러 상황을 미루어 볼 때 1780년 전후로 추정된다.

야기와 ≪황제내경黃帝內經≫ 등의 한의서에 나오는 태교 관련 내용을 참작하여 보충하였다. 그리고 세상 사람이 태교에 대한 의혹을 일깨우는 데 힘쓰라는 바람에서 '태교신기'라 명명하였다.

사주당이 ≪태교신기≫를 완성한 때는 그가 62세 되던 1800년(정조24)이다. 이 책이 완성된 후 1년 동안 아들 유희가 장章과 절節로 글귀를 나누고, 주석註釋을 붙였으며, 음의音義를 언문諺文으로 해석하였다. 사주당이 진갑을 맞는 해에 ≪태교신기≫를 완성하고, 아들 유희를 낳으신 생일날에 언해諺解를 마치게 되었는데, 모두들 기이하게 생각했다고 한다. 1801년(순조1)에 유희가 재편집하고 언해한 책이 오늘날 우리에게 알려진 ≪태교신기≫이다.

≪태교신기≫가 널리 알려지기 시작한 것은 빙허각 이씨의 ≪규합총서≫(1809)에서부터인 것 같다. ≪규합총서≫에도 태교에 관한 내용이 비교적 상세하게 있는데, 이는 외숙모인 사주당의 ≪태교신기≫에서 영향을 받았음을 짐작할 수 있다. 근대적 여성교육운동이 일던 1908년에도 기호흥학회월보畿湖興學會月報에 7회에 걸쳐 연재되었다.(박용옥, 1985)

≪태교신기≫가 간행되어 정식으로 보급된 것은 1937년 1월이다. 유희의 현손인 유근영柳近永이 석판본으로 ≪태교신기언해≫를 간행하였다. 이 책은 세 부분으로 구성되어 있다. 1부는 사주당이 한문으로 지은 원문原文을 유희가 장절章節을

나누고, 상세한 주註를 붙인 것이다. 2부는 사주당의 묘지명墓誌銘 및 발문跋文을 모아 수록한 것이다. 3부는 유희가 원문에 한글로 음音과 토씨를 단 후, 본문을 언해諺解한 것이다.

≪태교신기≫의 내용

≪태교신기≫는 10장 35절의 태교 이론과 서 · 발문, 묘지명 등으로 구성되었다. 사주당이 저술한 한문본에는 장절의 구분이 없었는데, 유희가 장절을 구분하고 음의와 언해를 붙여서 원문 26장, 언해 43장, 합 69장으로 다시 엮었다. 번역문에 나오는 모든 한자에는 한글로 음을 달았으며, 다른 언해본들과 마찬가지로 한 문장씩 떼어서 먼저 한글로 토를 달고, 이어서 우리말로 옮기는 형식을 취하고 있다.

각 장의 내용은 다음과 같다. ① 제1장 : 자식의 기질의 병은 부모로부터 연유한다는 것을 태교의 이치로써 밝혔다. ② 제2장 : 여러 가지 사례를 인용하여 태교의 효험을 설명하였다. ③ 제3장: 옛사람은 태교를 잘하여 자식이 어질었고 오늘날 사람들은 태교가 부족하여 그 자식들이 불초不肖하다는 것을 말하고, 태교의 중요성을 강조하였다. ④ 제4장 : 태교의 대단大段과 목견目見·이문耳聞·시청視聽·거처居處·거양居養·행립行立·침기寢起 등 태교의 방법을 설명하였다. ⑤ 제5장 : 태교의 중요성을 다시 강조하고, 태교를 반드시 행하도록 권하였다. ⑥ 제6장 : 태교를 행하지 않으면 해가 있다는 것을 경계하였다. ⑦ 제7장 : 미신·사술邪術에 현혹됨을 경계하여 태에 유익함을 주려고 설명하였다. ⑧ 제8장 : 잡다하게 인용하여 태교의 이치를 증명하고, 제2장의 뜻을 거듭 밝혔다. ⑨ 제9장 : 옛사람들이 일찍이 행한 일을 인용하였다. ⑩ 제10장 : 태교의 근본을 거듭 강조하였다.

≪태교신기≫의 가치

≪태교신기≫는 사주당 자신이 네 자녀를 양육하면서 체험을 바탕으로 하고 직접 살핀 바를 징험하여 저술한 것이다. 직접 체험하고 징험한 결과를 정리한 기록이기에 후대 사람들의 각별한 관심을 이끌 수 있는 것이다.

사주당은 이 책을 통해 태교라는 단일한 주제를 인성의 형성과 가르침이라는 철학적 의미를 부여하였다. 조선시대에 통용되던 태교는 생활 속에서 의식주 등을 삼가는 데 중점을 두었다. 사주당은 여기서 한 걸음 더 나아가 유학자들의 덕목인 '삼감[謹·愼]'의 경지에까지 확대하였다. 사주당에 의해 태교는 하나의 철학으로 재탄생했으며 여성들도 수신해야 할 존재로 탈바꿈하기에 이른 것이다.

또한, 많은 사람이 태교를 여성의 임무로 한정시킨 데 비해 사주당은 ≪태교신기≫에서 임신부를 대하는 도리를 제시하여 태교의 개념을 온 가족에까지 확장시켜 놓았다. 이 책에서 가장 주목되는 부분은 1장 2절의 다음 구절이다.

> "스승의 십 년 가르침이 어머니가 열 달 길러줌만 못하고, 어머니가 열 달 길러줌은 아버지가 하루 낳아줌만 못하다."

태교에서 임신부의 열 달간 노력보다도 아이를 갖고자 하는 아버지의 하루 마음가짐이 더 중요함을 강조한 것이다.

사주당의 ≪태교신기≫가 태교서의 효시라는 평가 외에 더욱 각광을 받는 이유가 있다. 사주당은 조선시대의 한 여성이기 이전에 선각자로서 인간에 대한 깊이와 애정을 갖고 있었다는 사실이다. 남편인 유한규는 22세나 연상이며, 세 번이나 아내를 잃었고, 치매를 앓고 있는 어머니를 모시고 있었다. 그러한 시댁에서 살림을 꾸리면서도 독서와 학문 탐구에 게을리 하지 않았다. 남편은 아내와 함께 학문을 토론하였으며, 아내의 저술에 ≪교자집요≫라는 제호를 달아주었다. 훗날 이 책을 보완하여 ≪태교신기≫를 완성하자 아들 유희는 언해와 주석을 달아 보충하였다. 딸들은 어머니의 책에 발문을 써서 감회를 기록하였다. ≪태교신기≫는 사주당의 가족 모두가 참여하여 엮은 책이다. "태교는 온 집안이 함께 해야 한다."는 구절이 절실하게 느껴지는 것은 이 때문이다.

≪태교신기≫는 사주당의 성리학적 식견을 바탕으로 자신

의 체험을 정리한 저술이다. 태교를 철학적인 견지에서 여성의 수신의 방안으로 제시하고, 태교의 이론과 실제를 체계적으로 정립하였다는 점에서 의의가 크다.

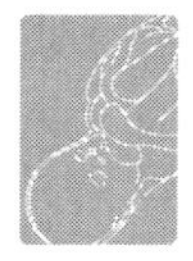

❚ 지은이에 대해 ❚

사주당 이씨의 생애

사주당 이씨(1739~1783)는 본관이 전주全州이며, 태종의 서자인 경영군敬寧君 조祧의 11대 손이다. 조부는 이함보李咸溥, 부친은 이창식李昌植인데, 모두 관직에 진출하지 못했으므로 잘 알려지지 않은 분들이다. 모친은 좌랑佐郎을 지낸 진주 강씨晉州姜氏 덕언德彦의 딸이다. 사주당은 기미년(己未年: 영조21, 1739) 12월 5일 유시酉時에 청주 서면西面 지동촌池洞村에서 출생하였다. 사주당 외에도 '희현당希賢堂'이라는 당호堂號가 또 있었는데 "어질기를 바란다"는 뜻이다. 사주당은 "주자朱子를 스승으로 삼는다"는 뜻으로 명명한 것이다. 훗날 숙인淑人의 작위爵位를 받았다.

사주당은 어려서부터 단정하였으며, 옛날의 열녀烈女처럼 되기를 바라는 마음으로 ≪소학≫≪가례≫≪여사서≫를 길쌈하는 등잔불 밑에서도 거듭 외우고 익혔다고 한다. 부친은 독서에 탐닉하는 사주당을 보고, "옛날 고명한 선비들을 보면 그 어머니가 글에 뛰어나지 않은 분이 없었다."고 하면서 딸의 학문을 장려하였다. 사주당은 출가 전에 이미 사서삼경四書三經을 섭렵하여 미묘한 이치를 깨우치는 경지에 도달하였으며, 주변의 이씨 문중 선비들도 앞서는 자가 없었다.

또한 사주당은 효성이 지극하였다. 출가 전에는 부친을 위하여 고기를 먹지 않고, 솜옷도 입지 않았으며, 옛 제도를 지켜 행하고 행동마다 예훈禮訓을 따랐다. 이러한 행실이 충청도 전체에 널리 퍼져 감탄하여 칭송하지 않은 이가 없었다. 이때 사주당의 나이 15세였다. 이미 경사經史에 능통하고 행실이 보통사람을 뛰어 넘는다는 소문이 유한규柳漢奎[1]에게까지 전해졌다. 당시(1753년) 유한규는 36세였다. 이미 부인을 세 번이나 잃어 다시 장가갈 뜻이 없는 입장이었다. 그러나 사주당의 행실이 훌륭함을 전해 듣고 "이 사람은 늙으신 내 어머니를 반드시 잘 모실 것이다."고 생각하여 청혼하였다.

사주당이 진주유씨 가문에 들어왔던 당시에는 시어머니가 연로하여 눈이 어둡고, 자주 격노하여서 곁에서 모시기에 여

---

[1] 유한규(柳漢奎: 1718~1783)는 1718년(숙종44) 10월 6일에 진주유씨晉州柳氏 가문에서 담絿의 장남으로 태어났다. 27세 때인 1744년(영조20) 소과 진사에 합격하였다. 32세 1749년(영조25)부터 참봉으로 관직을 시작하여, 1755년(영조31)에 해형랑(解刑郞), 1777년(정조1)에 복도부復纛簿, 62세 때인 1799년(정조3) 목천현감에 임명되었다. 유한규는 주역과 성리학은 물론 시문과 서예에도 능했으며, 역학·산술·율려·의학·바둑·궁술 등 여러 분야에 뛰어났다.

간 어렵지 않았다. 그럼에도 사주당은 기꺼이 순종하여 받들어 모셨다. 이를 지켜본 시댁의 친척과 마을 사람들이 "신부는 나이가 어린데도 힘드는 줄도 모르고 성낼 줄도 모른다."고 칭송하였다. 사주당은 타고난 성품이 엄하고 삼감을 근본으로 삼았으며, 예법에 해박하여 주변 사람들이 감히 얕보지 못하였다. 여러 동서가 문벌 있는 집안 출신이고, 시누이들도 집안이 부귀하고, 또 나이가 두 배 가까이 많았지만 사주당을 존경하고 귀중하게 여기기를 마치 큰손님을 대하는 것같이 하였다.

남편 유한규는 사주당보다 21세 연상인데도 아내를 귀중하게 여기고 도의道義로써 대하였다. 때로는 서로의 감정을 시로 읊으며, 때로는 심오한 학문을 담론하는 등 친분이 각별하였다.

이처럼 생활이 어려운 가운데서도 독서와 학문을 계속할 수 있게 되자 사주당은 자신의 아이들을 가르칠 만한 내용들을 모아 육아독본育兒讀本으로 한 권의 가어家語를 저술하였다. 남편이 책이름을 ≪교자집요敎子輯要≫라 명명하고, 서序에 이르기를 "내훈內訓과 여범女範에 뒤떨어지지 않는다."고 격찬하였다. 이 책은 훗날 사주당의 대표적 저술인 ≪태교신기≫의 밑바탕이 되었다.

사주당이 45세 되던 정조7년(1783)에 목천현감木川縣監으로 있던 남편이 66세로 세상을 떠났다. 장례는 남편의 고향인

용인 관청동觀青洞[2]의 당봉鐺峯에 모셨다. 이후 어린 자녀들을 거느리고 남편의 묘소가 바라다 보이는 모현면 매산리로 이사 와서 살았다. 이 당시는 너무나 가난하여 필요한 의식주를 구할 수가 없었던 정도였다. 그럼에도 자녀들의 학업은 중단하지 않았다. 궁핍한 가운데서도 사주당 자신과 네 자식을 깨끗하게 다스리니 원근의 사람들도 신임이 도타웠다.

사주당은 항상 부지런히 일하고 검소하게 살았기 때문에 가산을 점차 늘릴 수 있었다. 절약하여 남는 재물을 별도로 저축하여, 산 아래의 제전祭田을 사들였고, 오래되어 허물어진 조상의 묘역을 수리하였다. 모든 일을 맡아 처리함에 무리가 따랐지만 대부분의 일을 혼자 해내었다. 마침내 자녀들이 성장하여 모두 자립하게 되었다.

아들 경(儆: 1773~1834)[3]은 태어나면서부터 총명한 데다 넓게 상고詳考하여 경사經史를 연구하는 데 많은 공을 세웠다. 조선 후기 실학파에 속하는 유학자이자 음운학자音韻學者로서 ≪문통文通≫≪물명고物名攷≫≪언문지諺文志≫ 100여 권의 책을 저술하였다(정양완, 2000). 큰따님은 병절랑秉節郎 이수묵李守默에게 출가하였다. 둘째 따님은 진사 이재녕李在寧에게 출가하였

---

[2] 지금의 용인시 처인구 모현면 왕산리 관창마을이다.

[3] 나중에 이름을 희僖로 고쳤다.

다. 셋째 따님은 박윤섭朴胤燮에게 출가하였다. 모두 부덕婦德이 뛰어나다고 칭송받았다. 훗날 ≪태교신기≫가 간행되기에 이르자 아들 유희와 큰딸 둘째딸이 모친 사주당을 사모하는 애절한 글을 발문으로 남겼는데, 그 문장 역시 매우 뛰어났다.

일찍이 사주당이 친가親家를 위해서 순리에 따라 집안을 다스리고 후일을 수립하였는데도, 만년에 이르러 후사가 끊어지자 집안 어른들이 삼대三代의 신주를 땅에 묻어 버렸다. 이를 목격한 사주당은 애끓는 마음으로 말하기를, "여생이 아직 죽지 못하고 친정의 사당이 헐리는 것을 보고 견디자니 이 역시 상喪을 당한 것과 같다."고 하면서 소복素服을 입고 문중의 어른을 두루 찾아 뵌 후에 오랫동안 가슴앓이를 하였다. 이 사주당의 행동과 마음씀이 이처럼 경전에서 조금도 벗어나지 않았다.

평생 학문에 정진하고 실천하는 사주당의 처신에 많은 사람들이 흠모하고 찾아와 강학하였다. 노년에는 도정都正 이창현李昌顯과 세마洗馬 강필효姜必孝, 상사上舍 이면눌李勉訥, 산림山林 이상연李亮淵 등 식견 있는 사람들이 마루에 올라와 큰절하면서 사주당에게 직접 가르침을 받는 것을 행운으로 여겼다고 한다.[4] 사주당의 학문 정도를 짐작하고도 남는다.

사주당은 유희의 봉양을 받으면서 지내다가 1821년(순조21: 辛未年) 9월 22일(己巳日)에 한강 남쪽 서파西陂에서 세상을 마쳤다. 향년 83세이다. 사주당은 유언하기를, 친정 어머니의 편지 1축과 남편 목천공이 저술한 ≪성리답문≫1축, 자신이 베낀 ≪격몽요결≫1권을 입던 옷과 같이 관에 넣어 달라고 하였다.[5] 죽음에 이르러서도 부도婦道를 다했음을 이런 데서 알 수 있다. 다음 해인 3월 정묘일丁卯日에 용인의 관청동 당봉에 장례하고, 목천공과 합장하였다. 사주당의 묘지명을 지은 신작申綽은 사주당을 평하여 "평생 말하고 토론하던 것이 주자朱子를 본받아 기질이 본연本然의 성性에서 벗어나지 아니하고, 인심人心이 도심道心 밖에 있지 않다고 주장하였는데 그 근거가 정확하였다."고 하였다.

사주당의 학문세계

사주당은 오로지 유학 경전에 심취하였으며, 유학에서의 덕목을 실천하기 위한 의례서儀禮書에 큰 관심을 보였다. 조선 후기 여성들이 주로 여범女範 내훈內訓과 같은 필독서 외에 문집류의 서적을 즐겨 읽은 것과 대조적이다. 사주당의 작은 딸은 어머니에 대해 "대도大道에 뜻을 두어 이기성정理氣性情의 학문을 넓히시고 속된 책을 읽지 않으시며, 음영吟咏을 좋아

[4] cf., 申綽, <師朱堂李氏夫人墓誌銘幷序> ≪胎教新記≫.
[5] cf., 申綽, <師朱堂李氏夫人墓誌銘幷序> ≪胎教新記≫.

하지 않으시니 시속時俗과 다름이 있으셨으며, 평소 저술 활동에 대하여 옛사람의 찌꺼기에 불과하다면서 마음에 두지 않았다."고 술회하였다.

조선후기 여성 지식인들의 학문적 경향을 전제할 때 사주당도 여성으로서의 제한된 범주에서 자녀와 여성 교육에 관심을 기울일 수밖에 없었다고 평가할 수 있다. 그러나 이같은 평가는 사주당의 학문세계에서 한 부분을 부각한 것에 지나지 않는다. 적어도 '사주당師朱堂'을 자신의 호로 삼아 이기성정理氣性情의 성리서를 탐독하고 실천하였던 사주당은 여성 실학자, 또는 여군자女君子로서 이해되어야 할 것이다. 실제로 사대부들이 사주당의 깊은 학문을 흠모하고 찾아와 강학하였다는 사실은 사주당이 유학자로서의 면모를 갖췄음을 시사한다. 경전을 통해 성인의 도리를 깊이 연구한 사주당이기에 여성으로서 행하여야 할 이상적이면서도 모범적인 틀을 제시하였던 것이다. 다른 저술을 모두 버리고 ≪태교신기≫만 전하라고 한 것도 이 같은 시각에서 이해된다.

사주당은 태교의 근본이 성인의 도리를 잘 알고자 함에 있다고 언급하였다. 구체적으로 유학의 인성론, 실천 덕목인 효를 강조하고 있다. 태교를 하는 근본적 이유도 조상을 닮은 효자를 낳기 위함이라 하였다. 인성이 하늘에 근본하며 기질이 부모로부터 타고난다는 사주당의 생각은 유학자들의 기본적인 관점이다. 사주당은 민간에서 행하고 있는 산속産俗에 대해서도 비판적이다. 무불적巫佛的인 관습에서 행해진 행위는 오히려 기氣를 거슬리고, 거슬린 기운이 점차 길한 바를 없앨 수 있다고 하였다. ≪태교신기≫에서 문헌의 근거가 유교 경전에 국한되었다는 점도 사주당의 학문이 유교 철학적인 인식에서 비롯했음을 증빙한다.

胎教新記
태교신기

태교신기서

신작申綽

무릇 부모의 정精을 합할 때는 총명함과 우매함이 나뉘지 아니 하였다가 4대 자연의 기운[1]을 받아 형체를 이루고 나면 성인聖人과 범인凡人이 이미 판명된다. 이렇기 때문에 뱃속에 들었을 때는 태교만[2] 가지고도 밝고 성스러운 덕을 기를 수 있으나, 태어난 이후에는 요堯 순舜 임금의 훌륭한 지도로도 상균商均[3]과 단주丹朱[4]의 악惡을 고칠 수 없다. 형체가 이루어지기 전에는 가르침이 마음을 따를 수 있으나, 이미 형체를

---

1 4대 자연의 기운: 지수화풍地水火風을 말한다.

2 원문의 '단장지화端莊之化'는 마음이 바르고 자세가 엄정함을 뜻한다. 여기서는 태교로써 하는 감화感化를 말한다.

3 상균商均: 순舜임금의 아들.

4 단주丹朱: 요堯임금의 아들.

이룬 후에는 습관이 되어 성품을 고칠 수 없다. 이것이 태교가 중요한 까닭이다.

유부인柳夫人 이씨李氏는 완산세족完山世族[5]으로 춘추가 지금 83세이다. 어려서부터 책을 좋아하여 경전의 뜻을 깊이 알았고, 그밖의 여러 책에도 두루 통하였으며, 품은 뜻이 높고 빼어났다. 세상에 재능 있는 사람들이 적은 이유는 태교가 잘 행해지지 않기 때문이라 여겼다. 이에 경전의 가르침과 성현께서 끼친 뜻을 모아서 먼저 미묘한 뜻을 밝히고, 임신부가 마음먹는 것과 보고 들으며 생활하고 식사하는 절도는 모두 경전에 있는 예법을 참작하여 모범을 세우고, 경전에 기록된 것을 종합하여 거울을 삼고, 의학醫學의 이치를 참작하여 심오한 부분까지 깨우쳐 한 책을 엮었다. 아들 서파자西陂子 경儆은 장章을 나누고 구句를 떼어서 언해諺解하였다. 이 책을 일러 ≪태교신기≫라 하였으며, 앞의 사람들이 빠뜨린 글을 보완하였다.

오호라! 원대하도다. 서파자는 나와 친한 사이로 뛰어난 총명과 식견이 있으며, 시서詩書와 집례執禮는 본디 항상 말하던 바이다. 그의 학문은 춘추春秋에 더욱 깊었고, 음양陰陽·율려

---

5 완산세족完山世族: 완산은 지금의 전주全州이다. 세족은 대대로 녹祿을 받는 문벌의 훌륭한 집안을 말한다.

律呂·성력星歷·의학醫學·산수算數의 책에까지 그 근원을 통달하고 실용에까지 다하지 아니한 바가 없었다. 군자들은 어머니의 가르침이 그렇게 되도록 한 것이라 말하였다.

서파자가 말하길 "상서尙書인 가곡稼谷 윤광안尹光顔이 이 책을 매우 기이하게 여겨 서문을 쓰려 하였으나, 쓰지 못하고 세상을 마쳤으니, 그대가 나를 위하여 이뤄주길 바라오" 하거늘, 내가 그 책을 받들어 반복하여 탐독하고 말한다.

이 책은 진한秦漢 이래로 일찍이 없던 책이다. 게다가 여인으로서 책을 써서 후세에 남긴 일은 더욱 드문 일이다. 옛날에 조대가曺大家[6]가 ≪여계女戒≫를 지으니 부풍扶風[7]의 마융馬融[8]이 훌륭하게 여겨 아내와 딸들에게 외우게 하였다. 그러나 ≪여계≫는 어른을 경계한 바이다. 어른에 대해서 경계함이 어찌 태교의 공력功力만 하겠는가.

무릇 태胎란 천지의 시발이요, 음양의 근본이며, 조화造化의 원동력이요, 만물을 담는 그릇이다. 태초의 음양이 화和하고, 혼돈混沌의 구멍이 뚫리지 아니하였을 때[9] 묘기妙氣가 발

---

[6] 조대가曺大家: 후한後漢 화제和帝 때의 여인. 이름은 반초班超. 반고班固의 누이이다. ≪여계女戒≫를 저술하였다.

[7] 부풍扶風: 중국 섬서성陝西省에 속한 현縣

[8] 마융馬融: 중국 후한시대의 학자. 훈고학訓詁學을 시작한 사람으로 그의 문하에서 정현鄭玄·노식盧植 등 유명한 학자가 배출되었다.

[9] 지각知覺이 없을 때를 말한다.

휘되나니 은연히 돕는 공은 사람에게 있는 것이다. 바야흐로 음화陰化[10]가 보호하고 지키며, 경맥經脈이 달을 바꾸어 길러 주매 영원靈源의 호흡[11]이 유통되고, 자궁子宮의 영혈榮血이 공급해 주니, 어머니가 병들면 태아가 병들고, 어머니가 편안하면 자식도 편안하여 성정性情과 재덕才德이 동정動靜을 따르고, 마시고 먹고 차갑고 따뜻함이 기혈氣血이 되어 아직 용봉龍鳳을 새기는 장암章闇이 베풀어지지 아니하였을 때[12] 일을 추진하는 것이 바로 진흙을 이기어 질 좋은 도자기를 만드는 것과 같다.

옛날의 사표師表들이 배움에 태어날 때부터 아는 바가 있어 가르침에 스승을 힘들게 하지 아니함은 태교를 잘 받았기 때문이다. 그러므로 어진 스승의 십 년 가르침이 어머니 열 달의 가르침만 같지 못하다고 하였다.

이 책을 보는 현자들이 진실로 밝은 교훈을 널리 펴서 모든 미혼 남녀가 보게 한다면, 임신부가 행하고 삼감이 의로운 가르침이 아님이 없어 나라 안에 태어나는 사람들이 모두 사황

---

[10] 음화陰化: 태아가 뱃속에서 자라는 것을 말한다.

[11] 영원靈源의 호흡: 불가사의한 근원의 호흡으로 곧 태아의 호흡을 말한다.

[12] 용봉龍鳳을 새기는~아니 하였을 때: 여기서는 태아의 성품이 아직 정해지지 않았다는 뜻으로 사용하였다.

思皇[13]과 같이 되게 할 수 있을 것이다.

순조 21년 신사辛巳(1821년) 중양절重陽節 다음 날에 평주平州[14] 신작申綽이 삼가 서문을 쓴다.

---

[13] 사황思皇: 명明나라 말기의 충신인 이헌명李獻明을 가리킨다.
[14] 평주: 평산平山의 옛이름.

태교신기음의서략

정인보鄭寅普

처음 인보寅普가 서파 유희선생이 지은 책의 목록에 ≪태교신기음의胎敎新記音義≫가 있음을 보고 ≪소의少儀≫≪내칙內則≫같은 태교서라고 생각만 하고, 누구의 저작을 선생이 해석한 것인지는 알지 못하였다. 나중에 선생의 ≪문록文錄≫과 선생의 아버지·어머니의 묘지墓誌를 읽고서 선생의 어머니 이숙인李淑人이 경학을 깊이 연구하고 예법에 밝았으며, 선생이 일찍이 목천군木川君을 여의고 학문을 숙인에게서 받았으며, 숙인이 노년에 ≪태교신기≫를 저술하여 집안에 전하였다는 사실을 알았다.

석천石泉 신작申綽이 지은 목천군과 숙인의 합장合葬 묘갈墓碣, 동해東海 조종진趙琮鎭선생이 지은 묘지墓誌에서 모두 이 책을 추존하고 감복하였으며, 석천은 또한 서문을 쓰면서 묘오妙奧를 드나들었다고 칭송하였다.

인보가 이 책이 매우 보고 싶어서 선생의 증손인 유덕영柳德永씨에게 집안에 남긴 책을 찾아보게 하였으나 끝내 찾지 못하여 잃어버렸다고 하였었다. 그런데 금년 초겨울에 덕영의 6촌 동생 근영近永씨가 영남의 예천醴泉에서 천리를 찾아와 한 권의 책을 내놓았는데, 선생이 직접 쓰신 ≪태교신기음의≫였다. 인보가 놀랍고 또한 기뻐서 스스로 안정할 수 없었다. 십년 동안 보고 싶어 애태우다 하루아침에 오랜 소원을 이루었기 때문만이 아니다. 선생의 뛰어나고 크신 재질을 숙인이 가르쳤으니 선생을 아는 자는 마땅히 숙인의 학문이 어떠하였는지를 알 것이다. 이 책은 실로 숙인의 평생 심력이 응취凝聚된 것이다. 이러한 책이 우리나라 안에 전해지지 않아 학술을 연마하는 사람들이 애석하게 여겼는데 거의 전하지 않다가 간신히 전해지니 다행함을 어찌 다 말로 표현하리오.

숙인께서는 출가 전에 경서와 육예六禮를 익히고 제자백가諸子百家의 글을 읽으셨다. 목천군에게 시집을 가서도 목천군 또한 뛰어난 학자였으므로 부부가 오순도순 옛 성현의 뜻을 강론하였다. 아울러 천문학·산술학에서 음악과 의학에 이르기까지 함께 연구하지 않은 것이 없었다. 목천군이 돌아가시자 선생을 가르치는 일에 전념하셨다. 숙인이 태교에 성의를 다하여 훈화薰化[1]를 미리하시고, 계속 고심하여 책을 저술하여 후세에 널리 펴고자 하였으니, 태어난 이후의 양육과 이미 성장한 다음의 가르침에 대해서는 언급할 필요가 없을 것이다.

숙인의 만년에 이르러 선생의 도道와 행실이 모두 높았고 저술한 책이 집에 가득하였다. 선생과 어머니가 같은〔同母〕 자매 세 사람도 모두 용모와 행동이 단정하고 학식까지 갖추었다. 숙인께서 진실로 자신이 실험하여 징험한 바를 직접 보시고 이 책을 지으셨으니 헛되이 이치에만 의존하여 말한 것과는 전혀 달랐다.

태교의 학설은 ≪예기≫에서 처음 나왔으나 너무 간략하다. 최근 서구에서 처음으로 우생優生을 말하였는데, 우생은 출생을 우수하게 하는 것이다. 무릇 쇠약한 자나 고칠 수 없는 병, 정신병, 창독瘡毒[2] 등 여러 악질惡疾이 유전되고 종족宗族에 전염된다면 명백히 밝혀서 막고, 좋은 기질만 보존해야 한다. 그 학설이 의료나 양생, 그리고 식이요법 등에 비하여 훨씬 나은 것은 이것들은 이루어진 다음에야 다스리게 되며, 우생학은 이전에 일을 도모하기 때문이다. 그러나 여기에서 그칠 따름이요, 음양이 화和하여 있는 시초에 기르는 데 있어서는 방법과 기술이 오히려 뒤떨어진다. 하물며 인仁으로 온후溫煦하게 하며, 의義로써 감싸고, 덕德으로 가르치는 교묘한

---

[1] 훈화薰化: 감화感化와 같은 뜻이다.

[2] 창독瘡毒: 매독 같은 악질창.

태교법에 비하여는 한참 멀었다.

숙인의 책에서는 먼저 아비의 행동과 어미의 거동을 중시하고 아이를 밴 어미로 하여금 순정順正을 따르게 하여 기혈氣血을 잘 다스림으로써 태아가 닮는다고 하였다. 널리 연구하고 정밀하게 변론한 것을 보면, 세상 대부분의 못난 사람들은 운세 때문에 그렇게 된 것이 아니라고 하였는데, 홀로 품은 뛰어난 식견이 실로 전에 고인古人에게 없던 것이었다.

눈으로 보는 것을 경계함은 사물을 보고 마음이 변함을 논한 것이요, 귀로 듣는 것을 경계함은 소리를 들어서 마음이 느끼는 것을 논한 것이다. 그 학설이 뿔의 무늬처럼 엄밀하여 그윽한 곳에서도 미묘한 이치에 다 들어맞는다. 거처하고 봉양하고 계획을 세워 일하며, 앉고, 움직이고, 다니며, 서고, 눕고, 자고, 마시고, 먹음에 대하여 확실하면서도 두루 상세하게 설명하였으며, 그 말에는 정성이 깃들어 있다.

이르기를 "의원을 맞아 약을 먹으면 병은 낫게 할 수 있으나 자식을 아름답게는 못하며, 깨끗한 집과 고요한 곳이 태를 편안케는 할 수 있으나 자식의 재목을 어질게 할 수는 없다. 자식은 피로 말미암아 이루어지고, 피는 마음을 근본하여 움직이므로 마음이 바르지 못하면 자식의 몸도 또한 바르지 못한다. 임신부의 도리는 공경으로써 마음을 앉히어 혹시라도 사람을 해치거나 산 것을 죽일 마음을 먹지 말며, 간사하고 탐하며 도둑질하며 시샘하며 훼방할 생각이 가슴에 싹트지 못하게 하여야 한다. 그런 후에야 입에 망령된 말이 없고, 얼굴에 원망품은 빛이 없을 것이다. 만일 잠깐이라도 공경된 마음을 잊으면 이미 피가 그릇되게 된다."고 하였다.

오호라. 어찌 조예가 깊고 체험이 절실하다 이를 바가 아니리오. 이는 학문을 연마하여 얻어진 참된 말로 전대의 현인賢人에 비길 만하다. 단지 태교만 후세에 남기신 것은 스스로 부인의 겸양지덕으로 잠시라도 그 위치를 넘지 않았기 때문이다.

그 말씀이 지극히 밝고 살핌이 지극히 세밀하니 옛날부터 말한 태교가 여기에 이르러서 훌륭하고 완전한 책을 이루게 되었으니 수천 년 이래 없었던 바이다.

서구 우생학자의 말까지 감안하여 견주어 본다 하더라도 생명이 태어나는 본원本源까지 훤히 통하여 마음을 잡아 혈血을 다스림은 우생가가 미치지 못할 바이다. 진실로 널리 행하여 많은 사람이 본받는다면 집집마다 준걸과 재주 있는 사람이 태어날 수 있을 것이니, 인류를 도움이 어찌 다함이 있으리오.

여교女教가 중간에 쇠하여져 소혜왕후昭惠王后[3]의 ≪내훈內

[3] 소혜왕후昭惠王后: 덕종德宗의 비妃이며 성종成宗의 생모로 ≪여훈女訓≫을 지었다.

訓≫ 및 우리나라 부녀자들이 경서의 예법으로서 저술하여 전하던 것들이 거의 끊어졌다. 숙종·영조 이후로 실학이 일어나 연천淵泉 홍석주洪奭周의 어머니 서씨徐氏께서 문장에 능하다고 이름이 났으나, 시편만 겨우 전하고, 풍석楓石 서유구徐有榘의 형인 서유본徐有本의 부인 이씨가 학식이 깊고 넓으며 견문이 풍부하여 ≪규합총서閨閤叢書≫라는 책을 지었다고 하는데 지금 이 책이 전하는지는 알지 못한다. 책이 전하고, 또한 책이 세상의 법도와 관련된 것은 오직 숙인의 경우뿐이다. 가령 경전의 가르침만을 본받았다 할지라도 매우 중요하거늘, 하물며 홀로 미묘한 말들을 모으고 천리天理와 인사人事에 통달하였음에서야.

숙인과 같고서도 이 책이 지금 널리 전하지 않은 까닭은 나라가 어지러운 때를 만났기 때문이다. 사람들이 망연자실하고 있는 날에 남기신 책을 어루만지며 방황하면서도 어찌 거듭 비분강개하지 않으리오. 비록 그렇다 할지라도 숙인이 지었고, 선생의 해석이 더욱 정밀하고 명쾌하니, 아무리 오래 간다 할지라도 결코 없어지지 않으리라. 자손이 전하고자 도모함이 한때에 구애받지 아니하고, 반드시 선대의 깨끗이 닦은 절개를 생각하여 욕되지 아니하기를 원하여 거듭 삼가니, 그 전함을 잘하고 있는 까닭이다.

숙인은 영조 기미년(己未年: 1739년)에 태어나서 순조 신사년(辛巳年: 1821년)에 돌아가셨고, 책은 정조 말년1800년에 이루어졌다. 또 1년 후1801년에 음의音義를 달았다. 선생이 스스로 "아들 경儆이라"고 칭하였는데, 실제 선생의 초명初名이다. 책 끝에 한글 독해讀解를 부록하였는데, 그 말이 품위가 있고, 법도가 있으며, 생각이 숙인으로부터 나온 것이다. 이 또한 학문을 계승하는 자들이 마땅히 본받아 귀하게 여겨야 될 바이다.

근영씨가 선생의 전서全書를 간행코자 하여 먼저 이 책부터 시작함에 나 인보가 서문을 쓰니 대략이 이와 같다.

병자년(丙子年: 1936)에 후학 정인보가 삼가 쓴다.

태교신기장구대전

진주유씨晉州柳氏의 부인婦人 사주당師朱堂 완산이씨完山李氏가 저술하고 아들 경儆이 음의音義를 풀이함.

≪여범女範≫(여범은 명나라 절부 유씨가 지은 것이다.)[1]에 이르길, "옛날에 현명한 여인이 임신하였을 때 반드시 태교를 하여 몸가짐을 삼갔다"고 하였는데 지금 여러 책을 살펴보아도 그 법이 상세詳細함이 없었다. 스스로 생각하며 구하니 대개 알 수 있는 것이었다.

내 일찍이 네 차례 임신하여 생육生育한 체험을 기록하여 한 편으로 엮어서 모든 여인에게 보이고자 하나니, 감히 제

[1] 여범女範: 명明나라 유씨劉氏가 지은 책으로 부녀자들이 지켜야 할 규범을 제시하였다.

멋대로 저술하여 사람들의 눈에 자랑하고자 함이 아니다. 단지 <내칙內側>[2]에 빠졌던 것을 갖추었다고 할 수 있을 뿐이다. 그런 까닭에 이름하기를 ≪태교신기≫라 하였다.

---

[2] 내칙內則: 예기禮記의 편명篇名

胎敎新記
제1장

제1절

사람의 기질의 유래

사람의 성품은 하늘에 근본하고, 기질은 부모로부터 이루어진다. 기질이 한 쪽으로 치우치면 점점 성품을 가리게 되나니 부모가 낳고 기르는 것을 삼가지 않을 수 있겠는가.

제2절
태교와 스승의 가르침

아버지가 낳으시고[1], 어머니가 기르시며[2], 스승이 가르치심은 한 가지이다. 의술을 잘하는 자는 병들지 아니하였을 때 다스리고, 잘 가르치는 자는 태어나기 전에 가르친다. 그런 까닭에 스승의 십 년 가르치심이 어머니가 열 달 기르심만 못하고, 어머니가 열 달 기르심은 아버지가 하루 낳아주심만 못하다.

---

[1] 아버지가 낳으시고 [父生]: 수태受胎를 가리킨다.
[2] 어머니가 기르심 [母育]: 양태養胎를 말한다.

제3절
자식을 낳는 아버지의 도리

부모님께 말씀드리고, 중매자의 말을 듣고 따르며, 혼례를 주관할 만한 사자使者[1]에게 명命[2]하여 육례六禮[3]를 갖춘 뒤에 부부가 되거든, 매일 공경하는 마음으로써 서로 대하여야 하며, 행여 상스럽거나 우스갯소리로 대하지 말아야 한다. 한 지붕 아래나 침상 위에 단둘이 있을 때라도 하지 않아야 할 말이 있으며, 부부가 거처하는 방이 아니면 함부로 드나들지 말며, 몸에 질병이 있으면 잠자리를 같이하지 않아야 한다. 상복喪服을 입었거든 내침內寢[4]에 들어가지 아니하며, 음양이 고르지 않거나 천기天氣가 좋지 않으면 감히 편히 쉬지 아니하여 허욕虛慾이 마음에 싹트지 않게 하며, 사기邪氣가 몸에

---

[1] 사자使者: 혼례 때 신랑 신부댁을 오가며 심부름을 하는 사람.

[2] 명命하여: 명은 사명(詞命:청혼서와 사주단자)을 말함. 혼례 전에 함진애비에게 청혼서와 사주단자를 보낸다.

[3] 육례六禮: 혼례 때 행해지는 납채納采 문명問名 납길納吉 납징納徵 청기請期 친영親迎 등의 여섯 가지 의례를 말한다.

[4] 내침內寢: 아내가 거처하는 안방을 말한다.

붙지 않게 하여야 한다. 이렇게 하는 것이 자식을 낳는 아버지의 도리이다.

≪시경≫에 이르기를, "네 혼자 방에 있어도 천신天神에게 부끄러움이 없어야 할 것이다. 나타나지 않는다 하여 나를 보는 사람이 없다 하지 말라. 귀신이 오는 것을 우리가 알지 못할 뿐이다"고 하였다.

제4절
자식을 기르는 어머니의 도리

남편의 성姓[1]을 받아서 그 자식을 낳을 때까지, 임신하는 열 달 동안은 몸을 함부로 하지 않아야 한다. 예禮가 아니면 보지 말며, 예가 아니면 듣지 말며, 예가 아니면 입으로 말하지 말며, 예가 아니면 행동하지 말며, 예가 아니면 생각하지 말아야 한다.[2] 이렇게 마음으로 백례百禮를 알게 하여 모두 순하고 바르게 하여서 자식을 기르는 것[3]이 어머니의 도리이다.

≪여전女傳≫[4]에 이르기를 "부인이 자식을 임신하면, 잠자리를 기울여 옆으로 자지 아니하고, 앉기를 한쪽 구석으로 하지 아니하며, 서 있을 때 기대거나 발돋움 하지 아니하며, 자극적인 음식을 먹지 아니하며, 자른 것이 바르지 않거든 먹지

---

[1] 성姓: 옛날에는 자손을 성姓이라 표현하였다. 여자[女]가 자식을 낳아[生] 한 조상에서 태어난 사람을 다른 사람과 구별하기 위하여 그렇게 표현하였던 것이다.

[2] 예禮가 아니면~한다: ≪논어≫에 나오는 구절이다.

[3] 마음과~기르는 것: ≪악기樂記≫에 나오는 구절이다.

[4] ≪여전女傳≫: 한漢나라 유향劉向이 지은 ≪열녀전烈女傳≫을 말한다.

아니하며, 돗자리가 바르지 아니하거든 앉지 아니하며, 눈에 사기邪氣로운 빛은 보지 아니하고, 귀에 음란淫亂한 소리는 듣지 아니하며, 밤에는 악인樂人으로 하여금 시경詩經을 외우게 하고, 올바른 일을 이야기하도록 한다. 이렇듯이 하면 자식을 낳으매 얼굴이 단정하고 재능이 남보다 뛰어난다."고 하였다.

제5절
현명한 스승의 도리

자식이 자라서 8세가 되면 훌륭한 스승을 택하여 나아가는데, 스승은 몸으로써 가르치되 입으로써 가르치지 아니하며, 눈으로 보게 하여 감화感化토록 하는 것이 스승의 도리이다. <학기學記>[1]에 이르기를, "잘 가르치는 자는 사람으로 하여금 그 뜻을 잘 따르게 한다."고 하였다.

子長羈丱 擇就賢師 師教以身 不教以口 使之觀感而化者 師之道也 學記曰 善教者 使人繼其志

[1] 학기學記: ≪예기禮記≫의 편명篇名이다.

제6절

가르치지 못함은 스승의 허물이 아니다

이런 까닭에 기운과 피가 모여 태아를 이루는데 지각知覺이 맑지 못함은 아버지의 허물이요, 모습과 자질이 흉하고 볼품없으며, 재능이 부족한 것은 어머니의 허물이다. 그러면서도 스승만 책망하는데, 스승이 가르치지 못함은 스승의 허물이 아니다.

胎教新記
제2장

제1절
태는 성품의 근본이다

무릇 나무는 가을에 태胎:눈가 생기어 비록 거칠어도 오히려 곧게 뻗는 성품이 있고, 쇠는 봄에 배태胚胎하는 것으로 비록 굳세고 날카로우나 오히려 흘러 합치는 성질이 있다. 태胎는 성품의 근본이며, 한번 형상을 이룬 다음에 가르치는 것은 말단이다.

제2절

군자는 태를 위하여 삼가야 한다

남방에서 아이를 배면 입이 크며, 남방 사람은 너그러워 어진 것을 좋아한다. 북방에서 아이를 배면 코가 높으며, 북방 사람은 굳세어 의리를 좋아한다. 기질의 덕은[1] 열 달간의 양육에서 느껴 얻어지는 것이기에 군자는 태를 위하여 반드시 삼가야 한다.

---

[1] 기질의 덕: '덕德'은 성性에 의하여 겉으로 드러남을 말한다. 성性이 있고 나서 그 성에 따라 마음이 굳어진 것이 덕德인 셈이다.

胎教新記

제3장

제1절
사랑하기보다 가르치기를 미리 하여야 한다

옛 성왕聖王은 태교의 법을 두어 회임懷妊하면 세 달 동안 별궁別宮에 나가 있게 하여 눈을 흘겨보지 아니하고, 귀에 망령된 소리를 듣지 아니하며, 풍류 소리와 기름진 음식을 예禮로써 절제하였다.[1] 사랑하는 것보다 가르치기를 미리 하고자 함이었다. 자식 낳아 그 할아버지를 닮지 않으면 불효와 같다고 하였으므로 군자는 가르침을 미리 하고자 한다. ≪시경≫에 이르길, "효자가 끊이지 아니하여 영원토록 너와 같은 효자를 주신다."[2]고 하였다.

---

1 옛 성왕은 ~절제하였다: 중국 양梁나라 안지퇴顔之推가 지은 <안씨가훈顔氏家訓>에 나오는 구절이다.

2 ≪시경≫<대아大雅: 기취지편旣醉之篇>에 나오는 구절이다.

제2절

아이가 잘못되어 가문을 떨어뜨린 후에 운명의 탓으로 원망한다

요즘 임신한 사람들은 반드시 독특한 맛을 찾아 먹고 입을 즐겁게 하고, 반드시 몸을 서늘한 곳에 두어 지나치게 몸을 편하게 하며, 한가히 있어 심심하면 사람들로 하여금 이야기하게 하여 웃으며, 처음에는 집안사람들을 속이기도 하며, 나중에는 드러누워 항상 자려고만 한다. 집안사람들을 속이므로 양육하는 도리를 다할 수 없고, 오래 누워 잠만 자니 영위營衛[1]가 멈춘다. 섭생을 그릇치고 대접에 게으른 까닭에 그 병이 더해지면서 출산이 어렵게 되고, 그 아이가 잘못되어 가문을 떨어뜨린 후에 운명의 탓으로 돌리며 원망한다.

---

[1] 영위營衛: 혈행血行을 영營이라 하고, 기행氣行을 위衛라 한다. 기혈이 온몸을 두루 도는 것을 말한다.

제3절
성인께서 태교의 법을 만드시다

무릇 짐승은 새끼를 배면 반드시 수컷을 멀리하고, 새는 알을 품을 때 반드시 먹을 것을 가리며, 나나니벌은 새끼를 만들 때 자신을 닮으라고 소리를 낸다. 이러한 까닭에 짐승의 생김이 모두 어미를 닮는 것이다. 사람 중에 사람 같지 못하고, 짐승만도 못할 수도 있어서 성인聖人께서 측은한 마음을 가져 태교의 법을 만드셨다.

胎教新記

제4장

제1절
태를 기르는 사람은 어머니만이 아니다

태胎를 기르는 사람은 어머니 자신 한 사람만이 아니다. 온 가족이 항상 조심하여야 한다. 감히 분한 일을 듣게 해서는 안 된다. 화내기 때문이다. 흉사를 듣게 해서는 안 된다. 두려워하기 때문이다. 난처한 일을 듣게 해서는 안 된다. 근심하기 때문이다. 급한 일을 듣게 해서는 안 된다. 놀라기 때문이다. 화내면 태아로 하여금 피가 멍들게 하고, 두려워하면 태아로 하여금 정신이 병들게 하고, 근심하게 되면 태아로 하여금 기氣에 병들게 하고, 놀래면 태아로 하여금 간질병이 들게 한다.

제2절

임신부를 대하는 도리

벗과 더불어 오래 있어도 오히려 그의 사람됨을 배우거늘, 하물며 자식이 어머니로부터 칠정七情[1]을 닮는 것에서야. 그런 까닭에 임신부를 대하는 도리는 희로애락喜怒哀樂이 절도를 넘지 못하도록 하는 것이다. 이 때문에 임신부 곁에는 항상 선善한 사람을 두어 거동을 돕고, 마음을 기쁘게 하며, 본받을 말과 법으로 삼을만한 일을 귀에 끊임없이 들려줘야 한다. 그러고 나면 게으르고 사벽邪僻[2]한 마음이 생겨나지 않을 것이다. 임신부를 대하는 도리이다.

---

[1] 칠정七情: 인간의 기본적인 7가지 감정 즉, 희喜 노怒 애哀 락樂 애愛 오惡 욕慾을 말한다.

[2] 사벽邪僻: 사특邪慝하고 편벽偏僻된다.

제3절
임신부가 눈으로 보아야 할 것

아이를 임신한 지 석 달 만에 형상形象이 비로소 생기니 마치 물소뿔의 무늬가 보는 대로 변화하는 것과 같다.

반드시 임신부로 하여금 귀인貴人·호인好人·흰 벽옥璧玉·공작孔雀과 같이 빛나고 아름다운 것을 보게 하고, 성현聖賢이 가르치고 경계하신 경전經傳을 읽게 하고, 신선神仙의 관대冠帶하고 패옥佩玉한 그림을 보게 하여야 한다.

광대·난장이·원숭이 같은 종류, 희롱하거나 다투는 형상, 형벌·예박曳縛[1]·살해殺害 등의 일을 보게 해서는 안 된다. 잔형殘形[2]·악질惡疾[3]이 있는 사람, 무지개·벼락·번개, 일식·월식, 성운星隕[4]·혜성彗星[5]·발성孛星[6], 물이 넘치거나 화염에 쌓

---

[1] 예박曳縛: 죄인을 끌고 다니며 창피를 주거나 포박하여 구속한다.

[2] 잔형殘形: 눈이 멀거나 입술이 없는 등 얼굴의 형체가 일그러짐을 말한다.

[3] 악질惡疾: 미친병, 지랄병, 문둥병 등의 질병.

[4] 성운星隕: 별이 떨어짐. 별똥별.

[5] 혜성彗星: 빛가시가 있고 긴꼬리가 마치 빗자루같이 생긴 별인데, 요사스런 별로 인식된다. 혜성이 나타나면 재앙이 있다고 한다.

이고, 나무가 부러지거나 집이 무너지는 것, 짐승의 음란한 짓, 병들고 상傷한 것, 더럽고 역겨운 벌레들을 보지 못하게 할 것이다. 임신부가 눈으로 보아야 할 것이다.

[6] 발성孛星: 길잃은 별. 혜성과 같이 재앙을 예고하는 별로 인식된다.

제4절
임신부가 귀로 들어야 할 것

사람의 마음이 소리를 들으면 감동이 일어나니 임신부는 음란한 굿, 음란한 풍류, 저잣거리의 떠드는 소리, 부인네들의 잔걱정과 술주정, 분하여 욕설하는 소리, 서러운 울음소리 등을 듣지 못하게 할 것이며, 종들로 하여금 들어와 먼 밖의 이치 없는 말을 전하지 못하게 하며, 오직 마땅히 사람을 두어 시를 외우고 옛 책을 말하거나, 아니면 거문고나 비파를 타서 임신부의 귀에 들려주게 하여야 한다. 임신부가 귀로 들어야 할 것이다.

제5절
임신부의 마음가짐

의원을 맞아 약을 먹으면 병을 낫게 할 수는 있으나 자식의 모양을 아름답게 할 수는 없다. 깨끗한 방 고요한 곳이 태胎를 평안하게 할 수 있으나 자식을 재목으로 만들 수는 없다. 자식은 피로 말미암아 이루어지고, 피는 마음으로 인하여 움직인다. 그 마음이 바르지 못하면 자식의 이루어짐도 바르지 못하다.

임신부의 도리는 공경으로서 마음에 두고 혹시라도 사람을 해치며 산 것을 죽일 마음을 먹지 말며, 간사하고 탐하며 도적질하고 시새움하며 훼방할 생각이 가슴에 싹트지 못하게 하여야 한다. 그런 후에야 입에 망령된 말이 없고, 얼굴에 원망스런 빛이 없다. 만일 잠깐이라도 공경한 마음을 잊으면 이미 피가 그릇되기 쉽다. 임신부가 마음에 둘 바이다.

제6절

임신부의 말하는 도리

임신부가 말하는 도리는 화가 나도 모진 소리를 하지 말며, 성나도 몹쓸 말을 하지 말며, 말할 때 손짓을 말고, 웃을 때 잇몸을 보이지 말며, 사람들과 더불어 희롱하는 말을 하지 말며, 몸소 부리는 종들을 꾸짖지 말며, 몸소 닭·개 등을 꾸짖지 말며, 사람을 속이지 말며, 사람을 훼방치 말며, 귓속말을 하지 말며, 근거가 분명치 않은 말을 전하지 말며, 자기의 일이 아니면 말을 많이 하지 말아야 한다. 임신부의 말하는 도리이다.

제7절
임신부의 거처와 양생

거처居處와 양생養生을 삼가지 아니하면 태胎를 보전하기 위태롭다. 임신부가 이미 아기를 가졌으면 부부가 함께 잠자리를 아니 하며, 옷을 너무 덥게 입지 말며, 음식을 너무 배부르게 먹지 말며, 너무 오래 누워 잠자지 말며, 반드시 때때로 가벼운 행보를 하며, 찬 곳에 앉지 말고, 더러운 곳에 앉지 말며, 악취惡臭를 맡지 말며, 높은 곳에 있는 측간에 가지 말며, 밤에 문 밖에 나가지 말며, 바람 불고 비오는 날에 나가지 말며, 산과 들에 나가지 말며, 우물이나 무덤을 엿보지 말며, 옛 사당에 들어가지 말며, 높은 데 오르거나 깊은 데 가지 말며, 험한 곳을 건너지 말며, 무거운 것을 들지 말며, 노력이 지나쳐 몸을 상하게 하지 말며, 침이나 뜸을 함부로 사용하지 말며, 탕약을 함부로 먹지 말 것이다. 항상 마음을 맑게 하고 고요하게 거처하여 온화하고 알맞게 하며, 머리·몸·입·눈이 하나와 같이 단정하게 하여야 한다. 임신부의 거처와 양생의 도리이다.

제8절
임신부가 할 일

임신부는 일을 맡길 사람이 없다 하더라도 할 만한 일만 가리어 해야 한다. 몸소 누에치지 아니하며, 베틀에 오르지 아니하며, 바느질을 삼가서 바늘에 손을 상하게 하지 말며, 반찬 만드는 일을 조심하여 그릇이 떨어져 깨지게 하지 말며, 물과 국물이 찬 것을 손에 대지 아니하며, 날카로운 칼을 쓰지 말며, 산 것을 칼로 베지 말며, 자르기를 반드시 바르게 하여야 한다. 임신부가 할 일이다.

제9절
임신부의 앉아 움직임의 도리

임신부는 단정히 앉고 옆으로 기울이지 말며, 바람벽에 기대지 말며, 두 다리를 뻗고 앉지 말며, 걸쳐 앉지도 말며, 마루 가장자리에 앉지 말며, 앉아서 높은 곳의 물건을 내리지 말며, 서서 땅에 있는 것을 잡지 말며, 왼편의 물건을 오른손으로 잡지 아니하며, 오른편의 물건을 왼손으로써 집지 아니하며, 어깨너머로 고개를 돌려 돌아보지 말며, 달이 차거든 머리를 감지 말아야 한다. 임신부가 앉아 움직일 때의 도리이다.

제10절

임신부가 다니며 서 있을 때의 도리

임신부가 서거나 다닐 때 한쪽발에만 힘주지 말며, 기둥에 기대지 말며, 위태로운 데를 밟지 말며, 기울어진 샛길로 다니지 말며, 오를 때는 반드시 서서하며, 내릴 때는 반드시 앉아서 하며, 급히 달리지 말며, 뛰어 건너지 말아야 한다. 임신부가 다니며 서 있을 때의 도리이다.

제11절

임신부의 잠자고 눕는 도리

임신부의 잠자고 눕는 도리는 잘 때 엎드리지 말며, 누울 때 시체처럼 하지 말며, 몸을 굽히지 말며, 문틈 쪽으로 눕지 말며, 몸을 드러내 눕지 말며, 한더위와 한추위에 낮잠 자지 말며, 배불리 먹고 자지 말며, 만삭이 되면 옷을 쌓아 옆을 고이고, 밤의 절반은 왼쪽으로 눕고, 밤의 절반은 오른쪽으로 눕는 것으로써 법도를 삼아야 한다. 임신부의 잠자고 눕는 도리이다.

제12절

임신부의 먹는 도리

임신부가 음식을 먹는 도리는 과일 모양이 바르지 아니하면 먹지 않으며, 벌레 먹은 것을 먹지 않으며, 썩어서 떨어진 것을 먹지 않으며, 익지 않은 열매와 푸성귀를 먹지 않으며, 찬 음식도 먹지 않으며, 쉰밥과 음식을 먹지 않으며, 생선과 고기가 상한 것을 먹지 않으며, 빛깔이 좋지 않은 것을 먹지 않으며, 냄새가 좋지 않은 것을 먹지 않으며, 잘못 삶은 것을 먹지 않으며, 때 아닌 것을 먹지 않으며, 고기가 많아도 밥보다 많이 먹지 말아야 한다.

술을 마시면 백 가지 혈맥이 풀리며, 나귀나 말고기와 비늘 없는 물고기는 해산解産을 어렵게 하며, 엿기름과 마늘은 태胎를 삭게 하며, 비름과 메밀과 율무는 태를 떨어뜨리며, 참마와 메와 복숭아는 자식에 마땅하지 않으며, 개고기는 자식이 소리를 내지 못하고, 토끼고기는 자식이 언청이가 되고, 방게는 자식이 옆으로 나오고, 양羊의 간은 자식이 병치레를 잘하고, 닭고기와 달걀을 찹쌀과 같이 먹으면 자식이 촌백충이 생기고, 오리고기와 오리알은 자식이 거꾸로 나오고, 참새고기는 자식이 음란하고, 생강 싹은 자식이 육손가락이 나오고, 메기는 자식이 감식疳蝕[1]이 잘 나고, 산양山羊의 고기는 자식이 병이 많고, 버섯은 자식이 잘 놀란다.

계피와 생강으로 양념하지 말며, 노루고기와 말밋조개로 지짐하지 말며, 쇠무릎과 회닢[2]으로 나물을 무치지 말아야 한다.

자식이 단정하기를 바라거든 잉어를 먹으며, 자식이 슬기롭고 기운 세기를 바라거든 소의 콩팥과 보리를 먹으며, 자식이 총명하기를 바라거든 해삼을 먹으며, 해산解產에 임해서는 새우와 미역을 먹는다. 임신부의 먹는 도리이다.

---

[1] 감식疳蝕: 입 안의 악창惡瘡을 말한다.

[2] 회닙: 나무순을 말한다.

제13절
임신부가 해산할 때 할 일

임신부가 해산에 당도하면 음식을 충분히 먹고, 천천히 다니기를 자주 하며, 잡사람을 만나지 말며, 아이를 돌볼 사람은 반드시 가려서 정하고, 아파도 몸을 비틀지 말며, 뒤로 비스듬히 누우면 해산하기 쉽다. 임신부가 해산할 때 할 일이다.

제14절
어머니 된 자는 삼가야 한다

뱃속의 자식과 어머니는 혈맥이 이어져 있어서 호흡을 따라서 움직인다. 기뻐하며 성내는 것이 자식의 성품이 되며, 보고 듣는 것이 자식의 기운이 되며, 마시며 먹는 것이 자식의 살이 되나니, 어머니 된 자가 어찌 삼가지 않으리오.

胎敎新記
제5장

제1절
태교의 요점은 근신이다

태교를 알지 못하면 어머니가 되기에 부족하니, 반드시 마음을 바르게 가져야 한다. 바른 마음을 갖는 법은 보고 듣는 것을 삼가고, 앉고 서는 것을 삼가며, 잠자고 먹는 것을 삼가되, 잡스럽지 않으면 무던하다. 잡되지 아니한 공이 넉넉히 마음을 바르게 할 수 있으나, 그것은 삼감에 있을 뿐이다.

제2절

스스로 태교의 이치를 깨우치게 하다

어찌 열 달의 수고를 꺼려 자식을 못나게 하고, 자신도 소인의 어머니가 되려하는가. 어찌 열 달 공부를 힘써 행하여 자식을 어질게 하고, 자신도 군자의 어머니가 되려하지 않는가.

이 두 가지는 태교에 말미암아 선 것이다. 옛 성인이 또한 어찌 다른 사람과 크게 다르겠는가. 이 두 가지를 버리거나 취했을 따름이다. ≪대학≫에 이르기를 "마음으로 정성을 다해 구하면 비록 맞지 않아도 멀지 않을 것이다."하였으나, 자식 기르는 방법을 배운 연후에 시집가는 사람은 있지 않다.

제3절

태교를 권하는 말

어머니가 되고도 태胎를 기르지 아니하는 사람은 태교胎教를 듣지 못한 것이요, 듣고도 행하지 않는 이는 스스로 행하지 않는 것이다. 천하의 모든 일이 힘써 행하면 이룰 수 있고, 그만두려함에 그릇되나니, 어찌 힘써 행해서 못 이루는 것이 있으며, 어찌 스스로 그만두려하는데 그릇되지 않는 것이 있으리오. 힘써 행하면 이루나니, 어리석고 못난 사람도 어려운 일이 없고, 그만두려 하면 그릇되나니, 훌륭하고 슬기로운 자도 쉬운 일이 없는 것이다. 어찌 어머니 되는 자가 태교를 힘쓰지 아니하겠는가. ≪시경≫에 이르길 "알지 못한다 하려 한들 이미 자식을 안았다."[1]고 하였다.

---

[1] ≪시경≫ <대아大雅 억지편抑之篇>에 나오는 구절.

胎敎新記
제6장

태교를 행하지 아니한 해로움

태를 기를 때 삼가지 아니하면 어찌 자식이 재주가 없을 뿐이겠는가. 그 형체가 온전하지 못하며, 병도 매우 많으며, 또한 태가 떨어지거나 해산도 어려우며, 비록 낳아도 단명할 수 있으니, 진실로 태의 기름을 그릇되게 함에 말미암은 것이다. 그것을 감히 말하되 "나 몰라라" 할 수 있겠는가? ≪서경≫에 이르길 "하늘이 지은 재앙은 피할 수 있으려니와 스스로 지은 재앙은 도망가지 못한다."고 하였다.

胎敎新記

제7장

제1절

임신부는 사술邪術을 경계해야 한다

요즈음 임신부의 집에서 소경과 무당을 불러 부적과 진언으로 빌며 푸닥거리하거나, 부처를 섬겨 중과 비구니에게 시주하는데, 그릇된 생각이 나면 거슬린 기운이 이에 응하며, 거슬린 기운이 형상을 이루어 길한 것이 없는 줄을 자못 알지 못한다.

제2절

임신부는 사사로운 마음을 경계해야 한다

성품이 시샘이 많은 사람은 여러 첩의 자식 있음을 꺼리고, 혹 한 집에 두 임신부가 있으면 위아래 동서 사이에도 서로 사이가 좋지 않다. 마음가짐이 이러하고서야 어찌 낳은 자식이 재주가 있고 또 오래살기를 바라겠는가? 내 마음이 하늘이니, 마음이 착하면 하늘에서 주시는 것도 착하고, 하늘에서 주신 착함은 자손에게 미친다. ≪시경≫에 이르길, "마음이 즐겁고 편안한 군자여 복을 구함에 사악한 일을 아니 하도다."[1] 하였다.

---

[1] ≪시경≫<대아大雅 조록지편早麓之篇>에 나오는 구절이다. 원문의 '豈弟'는 마음이 순편한 모양을 말하며, '回'는 사악함을 말한다.

胎教新記
제8장

제1절

태아를 잘 길러야 하는 이유

의인醫人[1]의 말에 이르길, "어머니가 찬 병을 얻으면 태아도 차지고, 어머니가 더운 병을 얻으면 태아도 더워진다."[2]고 하였다. 이런 이치를 알아야 한다. 자식이 어머니에게 있음은 오이가 넝쿨에 달려 있는 것과 같다. 젖으며潤·마르며燥·설며生·익음熟이 바로 그 뿌리의 물 대줌과 대주지 아니함에 달려 있는 것이다. 어머니가 조섭調攝을 못하고도 태를 길러내고, 태를 잘 기르지 못하고도 자식이 재주 있고 오래 사는 자를 내 일찍이 보지 못하였다.

---

[1] 의인醫人: 중국의 금원사대가金元四大家 중 한 사람인 주진형(朱震亨: 1281-1358)을 가리킨다. ≪격치여론格致餘論≫을 저술하였다.

[2] 주진형의 ≪격치여론≫에 나오는 구절이다.

제2절

태교를 행하지 않음을 탄식하다

쌍둥이의 얼굴이 반드시 같은 것은 진실로 태의 양육이 같기 때문이며, 한 나라 사람의 버릇과 숭상함이 서로 같은 것은 태아를 기를 때 먹는 음식에서 영향 받은 바이며, 한 세대의 기품과 골격이 서로 가까운 것은 태아를 기를 때 보고 듣는 것에서 영향 받은 바이다. 이 세 가지는 태교에 말미암아 보인 바이다. 군자가 이미 태교의 이처럼 또렷함을 보고도 오히려 행하지 않으니, 내 아직 알지 못하겠다.

胎教新記
제9장

옛 사람들은 태교를 충실히 행하였다

태교를 가르치지 아니한 것은 오직 주周나라 말엽에 폐해진 때부터이다. 옛날에는 태교의 도리를 옥판玉板에 써서 금궤金櫃에 넣어 종묘宗廟에 두어서 훗사람의 경계로 삼았다. 그 때문에 태임太任[1]께서 문왕文王을 배었을 때 눈으로는 사기邪氣로운 빛을 보지 아니하시며, 귀에 음란한 소리를 듣지 아니하시며, 입에 오만스러운 말을 내지 아니하셨다. 문왕을 낳으니 밝고 성스러우시거늘 태임께서 가르치시되 하나를 가르치면 백 가지를 아시더니 마침내 주나라의 으뜸가는 임금이 되셨다. 읍강邑姜[2]께서 성왕成王을 몸에 배었을 때, 서 있을 때는 한 발에만 힘주어 서지 아니하시며, 앉을 때는 조심스럽게 앉아 몸을 기우뚱거리지 아니하시며, 혼자 있을 때도 자세를 거만하게 취하지 아니하시며, 비록 성나도 꾸지람을 아니 하셨다. 이것이 태교를 말함이다.

---

[1] 태임太任: 주나라 시조인 문왕文王의 어머니.

[2] 읍강邑姜: 주나라 문왕의 아내이며, 성왕의 어머니.

胎敎新記
제10장

태교의 근본을 거듭 말하다

≪태교胎教≫[1]에 이르길, "본디 이룸[素成][2]은 자손을 위하되 며느리를 맞고 딸을 시집보내는데 반드시 효도하고 공손한 사람과 대대로 의로운 일을 행한 사람을 가려 선택한다."[3]고 하였으니, 군자의 가르침이 본디 이룸에 앞섬이 없거늘, 그 책임은 곧바로 부인에게 미친다. 그런 까닭에 어진 자를 가려 뽑고, 불초不肖한 자를 가르치는 것은 자손을 위하여 염려하는 까닭이다. 진실로 성인聖人의 도리를 잘 알지 못하면 누가 능히 함께 하겠는가.

---

[1] 태교胎教: 한漢나라 가의賈宜가 지은 ≪가씨신서賈氏新書≫의 편명.

[2] 본디 이룸[素成]: 본래 바탕에서 이루어짐을 뜻하는 말로, 이 글에서는 태교를 지칭한다.

[3] "본디~ 선택한다": ≪가씨신서≫에 나오는 구절이다.

胎敎新記

부록

사주당 이씨부인 묘지명병서

신작申綽

사주당 이씨부인은 전주인全州人으로 고故 목천현감木川縣監 유한규柳漢奎의 아내이다. 춘추 83세이다. 신사년(辛巳年: 순조21년, 1821) 9월 기사己巳 22일에 한강 남쪽 서파西陂에 있는 집에서 돌아가셨다. 유언하기를, 어머니의 편지 1축과 목천공의 ≪성리답문≫1축, 자신이 베낀 ≪격몽요결≫1통을 입던 옷과 같이 넣어 달라고 하셨다. 다음해 3월 정묘丁卯에 용인의 관청동觀靑洞 당봉鐺峰 밑에 장사지내고, 목천공의 관을 옮겨 합장했다.

아들 경(儆: 뒤에 僖로 이름을 고쳤다)이 3년상을 마치고 어머니의 행적을 정리하여 가지고 와서 묘지명을 청하며 말하였다.

부인은 태종의 서자인 경녕공敬寧君 조祧의 11대손이며, 아버지는 이창식李昌植, 할아버지는 이함부李咸溥인데 세상에 이름을 날리지는 못했다. (어머니는 진주강씨晋州姜氏로 좌랑佐郎을 지낸 덕언德彦의 딸로서 영조 기미년1739 12월 5일 유시酉時에 부인을 청주 서면西面 지동촌池洞村 집에서 낳았다.) 사주당은 어려서부터 영리하고 단정하였다. 이미 길쌈 바느질과 예절 등을 다 익히고, 옛 열녀烈女처럼 되고 싶은 마음에서 ≪소학≫≪가례≫≪여사서≫를 구해다가 길쌈하는 틈틈이 외우고 익혀 해를 거듭함에 한 가어家語를 만들었다. 유공柳公은 서문에서 이르기를 ≪내훈≫≪여범≫에 뒤떨어지지 않는다고 하였다. 또 계속해서 ≪시경≫≪서경≫≪논어)≫≪맹자≫≪중용≫≪대학≫ 등의 책을 익혀 치밀한 부분까지 종합하여 논리를 세우고, 변증하고 해석하여 밝혔는데 이씨 가문의 남자들도 앞서는 자가 없었다.

출가하기 전엔 친정에서 아비를 위하여 고기도 먹지 않고 솜옷도 입지 않았으며, 옷을 입고 차는 장식을 옛날 법식대로 하고, 행동을 ≪예기≫의 가르침대로 따랐다. 그 덕德의 향기가 마을 사람들을 감화하고, 명성이 먼 곳까지 가득하여 충청도 선배들이 감탄하고 칭찬하지 않는 이가 없었다. 이때 유공이 아내를 잃어 다시 장가갈 뜻이 없었으나 사주당 이씨가 15세에 이미 경사經史에 능통하고 행실이 뛰어나다는 말을 듣고 기꺼워하며 말하길, "이 사람은 반드시 내 어미를 잘 모실 것이다." 하여 맞이하였다. 부인이 가문에 들어와 보니 시어머니가 연로하여 눈이 흐리어 성내고 짜증내는 일이 많았지만 곁에서 기쁘게 받들어 모심에 추호도 소홀함이 없었다. 시댁의 모든 사람들이 말하기를 "신부는 힘드는 줄도 모르고 성낼 줄도 모른다." 하였다. 또한 본디 타고난 성품이 엄격하고 조심스러웠으며 예법에 밝고 박식하여 사람들이 얕보지 못하였다. 그러므로 뭇동서들이 문벌 세족 출신이고, 시누이들도 집안이 부귀하고 나이가 두 배 정도로 많았지만 특별히 공경하고 귀중하게 여기기를 마치 큰손님 대하듯이 하였다. 유공도 아내를 귀중하게 여기고 아울러 도의道義로써 사귀었으며, 심오한 이치를 토론하고 성정性情을 읊조리며 옛날부터 사귀던 벗처럼 지냈다.

평생 말하고 토론하던 것은 주자朱子를 본받은 것으로, 기질이 본연本然의 성性을 벗어나지 아니하고, 인심人心이 도심道心의 밖에 있지 않다고 주장하였는데 근거가 정확하였다. 옛날의 태교가 지금에 전해지지 않음을 한탄하여 경전에 근본하고 의서醫書를 참고하며 아울러 희귀한 책을 수집하여 세 편을 저술하였으니 이것이 곧 ≪태교신기≫이다. 성스럽고 훌륭한 아성을 수립하여 미래의 훌륭한 후손을 낳을 수 있는 길을 열고, 세상 사람들을 잘 살게 하기 위해서 문명을 열고자 하는 마음이 책 겉표지에까지 드러나 있다.

누추한 집에서 궁핍하게 살며 아침저녁을 도모할 여유가 없었지만 원망과 욕심을 나에게 행하지 아니하였으며, 봉록俸祿을 떼어 도와주는 것을 굳이 사양하고, 남의 집 물건을 얻어다 봉양하는 것을 절대 아니 하였다. 깨끗이 하고 스스로 닦음이 멀고 가까운데 사람들에게 미쳐 내왕하는 장사치 할머니도 값을 달리하지 아니하고 말하길, "마님 앞에 어찌 나를 속일 수 있겠습니까" 하였다. 남는 재물을 별도로 저축하였는데 매년 먹고 살고 남은 돈으로 산소 아래의 제전祭田을 다시 사들이고, 먼 조상들의 묘가 허물어지는 것을 봉분을 쌓아서 수리하였으며, 후일에 쓸 제사용품을 미리 갖추어 두었다.

모든 주관하는 일들이 거의 다 힘에 미치지 못한 바였지만 용케도 해내었다. 일찍이 친가를 위하여 집안을 다스려 뒷일을 다 세워 놓았는데 만년에 이르러 후사가 끊어져 집안사람들이 삼대三代의 신주神主를 땅에 묻어 버리자 부인이 마음이 아프고 끊어지는 것 같아 이르길, "여생이 아직 죽지 못하고 친정의 사당이 헐리는 것을 보게 되었다. 이 역시 상을 당한 것과 같다" 하며, 소복素服을 입고 집안 어른들을 두루 찾아뵙고 나서 병통으로 여기면서도 행동거지와 마음 씀씀이 경전에서 벗어나지 않았다.

도정都正 이창현李昌顯, 세마洗馬 이필효李必孝가 일찍이 사람을 알선하여 의심가는 문장을 물어왔으며, 상사上舍 이면눌李勉訥 산림山林 이양연李亮淵이 마루에 올라와 절하고 직접 가르침을 받는 것을 영광으로 여겼으니, 식견 있는 사람들의 알아줌이 이와 같았다.

부인은 남편의 장례를 마치고 어린아이들을 거느리고 용

인龍仁에서 살았다. 사람이 사는 데 필요한 의식주도 없었지만 모든 자녀들이 굶주리고 곤란하다고 하여 학업을 중단하지 않았는데 마침내 시집가고 장가가 의로운 가르침 가운데서 훌륭한 가정을 이룰 수 있었다.

아들 경儆은 이미 총명한데다 학식이 풍부하여 경사經史를 많이 연구하였고, 큰딸은 병절랑秉節郎 이수묵李守默에게 시집갔고, 둘째 딸은 진사進士 이재영李在寧에게 시집가고, 셋째 딸은 박윤섭朴胤燮에게 시집갔는데, 모두 부덕婦德이 뛰어났으니 우리나라 지어미의 거동이 어디에서부터 시작되었는지를 알 수 있다. 목천공의 내력과 전부인 소생은 우측 묘지墓誌에 있다. 명銘에 말한다.

아름답다! 부인이시여 훌륭하신 여선비로다. 유학儒學을 연구하고 도道를 크게 펼쳤도다. 사람의 법도를 세워 아름다운 행적을 보이시고, 좋은 기운만 모으고 재앙을 없이하여, 수명을 늘리고 재능을 발휘케 하였도다. 당산鏜山 기슭에 묘를 북향하여, 가지런히 봉분을 높이고 돌에 기록하노라.

승정원 우승지 석천처사石泉處士 신작申綽이 짓다.

태교신기 발문

유희柳僖

어머니가 처녀시절에 늘 경전을 읽으시니 우리 외조부께서 말씀하시길, "옛날 명망 있는 선비들을 보면 어머니가 글을 모르는 자가 없었다."고 하셨다. 내 또한 듣기에 어머니가 우리 집에 시집오셔서 전대 철인哲人들의 기거起居와 음식, 여러 규범 및 의서醫書, 임신부의 금기禁忌를 수집하시고, 끝에 아이들을 가르칠만한 구어句語를 붙여 언문으로 해석하여 한 책자를 만들어 잊지 아니 할 일로 삼으려 하시니, 나의 아버지께서 몸소 책 제목을 ≪교자집요教子輯要≫라 지으셨다. 어머님께서 부족하고 못난 나를 비롯 네 자녀를 기르시고 나니, 고기를 잡고 난 통발처럼 쓸모없이 되었다가 20여년이 지나서 넷째 딸의 옷상자 속에서 나왔다. 그걸 보시고서 어머님께서 탄식하여 말하시길

"이 책은 스스로 반성하기를 바라던 것이오, 후세에 남기려 한 것이 아니었다. 이미 우연히 너희 손에까지 이르게 되었으니, 정말로 훼손하여 버릴 수 없게 되었구나. 무릇 여자 고르는 방법과 아이가 태어난 이후의 교육에 대하여는 전 하기는 기록에 자세히 나와 있으니 내가 더할 말이 없고, 오직 뱃속에 있을 때의 가르침은 옛날엔 있었으나, 지금은 그 글이 없어진 지 이미 수천 년이 되었으니 부인들이 어찌 스스로 깨달아 행할 수 있겠는가. 마땅히 타고난 재질이 옛날에 미치지 못하다 하여 단지 세상의 달라진 것으로 탓하여 돌릴 수만 없을 것이다. 내 스스로도 여자로서 독서에 전심전력 할 수 없음을 탄식하였고, 더욱이 옛 선인들의 뜻을 어그러뜨릴까 걱정하였다. 일찍이 네 자녀를 낳아 길러 체험하였는데 과연 너희들의 형체와 기질이 크게 어그러지지 아니하였으니 이 책을 집안에 전함이 어찌 또한 태교에 도움이 있지 않겠는가."하셨다.

이에 책 끝에 부록한 것은 삭제하고 단지 양태절목養胎節目만 취하고 반복하여 그 뜻을 펼쳐 설명하여 세상의 미혹함을 깨우치는데 힘썼다. 이름 하기를 '태교신기胎教新記'라 하였으며, ≪소의少儀≫≪내칙內則≫에서 빠진 것을 보충하였다. 책이 완성된 후 1년 동안 불초한 내가 장구章句를 나누고 음의音義를 해석하였는데, 마침 어머니가 날 낳으신 날에 그 책을 모두 마쳤으니 또한 기이하다. 삼가 한 마디만 덧붙여 끝을

맺는다.

오호라! 이 책을 본 후에 내가 스스로를 해친 자임을 알았으며, 사람이 단지 선한 성품만 있더라도 오히려 군자가 채우기를 재촉하는데 하물며 기질이 애초 순수함에 있어서랴.

이 책은 곧 내가 처음 태교를 받은 법으로 이루어진 것이다. 열 달간의 태교를 이처럼 엄격하게 하셨기에 내가 아이였을 때 다른 사람과 조금 다른 점이 있었으나, 아버지가 돌아가시어 삼년상을 마친 이래로 갈피를 잡지 못하고 쓰러지고 엎어져 그냥 지금에까지 이르게 되었다. 오늘날 성품이 거칠어진 것이 어찌 내 부모로부터 말미암았겠는가. 내 스스로 포기함으로 말미암은 것이다. 내 부모님의 수고로움을 헛되게 하여 세인들로 하여금 낳은 자식이 불초하다고 흉보게 하였으나 어찌 나의 부모를 허물하랴. 이것이 이 책을 전하지 않을 수 없는 까닭이다. 독자들이여 우리 부모가 헛수고만 하였음을 불쌍히 여겨주길 바란다.

순조 원년 신유(辛酉: 1801) 3월 27일 계묘에 불초 경儆이 삼가 적는다.

태교신기 발문

장녀長女

대체로 사람 가르침에는 방법이 많으니 어린아이로부터 장성한 어른에 이르기까지 안으로는 현명한 부형父兄이 가르쳐 지도함과 밖으로는 엄격한 스승과 벗의 유익함이 기질氣質을 변화케 하지 않음이 없어 군자君子의 지위에 이르게 하지만, 태교의 방법은 주周나라 태임太任 겨우 한 분뿐이시라. 대저 수태受胎한 이후부터 자식의 지각 운동知覺運動과 호흡천식呼吸喘息과 배고프고 배부르며 춥고 더운 것 등의 일이라도 모두 어머니를 따라 성품을 이룬다. 그런즉 태중에 가르치는 것에 대하여 어찌 한 권의 책이 없겠는가? 이런 까닭에 우리 자애로우신 어머니께서 경사經史를 널리 읽으시고 많은 책들을 모으시되 의서醫書와 속설俗說까지도 버리지 아니하셨으니, 이 글이 한번 나옴에 온 세상 임신한 여자가 자식을 낳아 기름에 잔병과 불구를 면하게 하고, 총명聰明 예지叡智가 더할 것이며, 어미 노릇한 줄을 비로소 알 것이니, 그 공이 어찌 적다고 하겠는가.

이는 어머니께서 우리 4남매로 시험 삼아 기르심에 이목구비가 건강치 않음이 없으니, 이것이 효험으로 증명된 것이다. 내말이 어찌 사사로이 하는 것이겠는가. 고명高明하신 식견識見이 실로 사람의 알지 못하는 일을 알게 하심이니, 보는 자는 마땅히 본받길 바란다.

경오년 가을 7월 16일에 큰딸이 삼가 적는다.

태교신기 발문

소녀小女

이 책은 우리 자애로우신 어머니께서 지은 것이다. 아! 우리 어머니는 어려서부터 베짜고 길쌈하면서 틈틈이 경사經史를 널리 익히시더니, 다시 대도大道에 뜻을 두시어 이기理氣 성정性情의 학문을 넓히시고, 속된 책을 읽지 않으시며, 시가詩歌를 더욱 좋아하지 않으시니 크게 시속時俗과는 다름이 계셨다. 저술에 있어서도 옛사람의 찌꺼기에 불과하다 하시어 또한 마음 두지 아니하셨으나 특별히 이 책만을 써 두신 것은 다만 몸소 시험하신 것으로 여인들에게 보이려고 하신 일이시다. 이제 보건대 나 같은 불초한 자식이 있으니 세상의 누가 태교를 믿을 만하다 하리오. 또한 그러나 그렇지 않은 점도 있으니 나 같은 불초한 자식 등 몇 남매가 이미 무사하게 장성하여 나쁜 병에 걸려 일찍 죽은 자도 없고, 내동생 경儆에 이르러서는 젖먹이 때부터 뛰어난 재주와 성품性品이 있고, 불초 삼형제도 역시 시댁에 죄지음을 면하였으니, 어찌 우리 어머니께서 태胎에 삼가신 은덕이 아니리오. 한스러운 것은 우리 불초한 자식 등도 부모에게서 받은 품성은 거의 하등下等은 면하였건만, 받은 성품을 굳세게 독려하여 훌륭하게 되지 못하여 마침내 타고난 성품을 깨트렸으니 슬프고도 슬프도다.

경오년 9월 1일에 불초 작은 딸이 삼가 적노라.

태교신기 발문

권상규權相圭

規圭가 일찍이 방편자方便子[1] 선생 유공柳公의 경학과 문장의 뛰어남을 사모하고, 이른바 태교에 비범함이 있었다함을 생각하곤 하였다. 하루는 유근영柳近永이 고조모 이숙인李淑人께서 지은 ≪태교신기≫를 가지고 와서 나에게 보여 주며 책 끝에 붙일 발문을 부탁하였다.

이씨는 방편자의 모친이시다. 내가 경건한 마음으로 정성을 기울여 읽기를 마치고서는 옷깃을 여미고 경탄하여 말하기를 "여기에 있도다. 마땅히 이러한 어머니이시기에 이러한 자식이 있는 것이리라."하였다.

---

[1] 방편자方便子: 유희의 호號이다.

가만히 그 책을 보건대, 책머리에 성명性命을 부여받은 근원과 기질이 선하고 악하게 되는 이유를 말하고, 다음으로 부부가 생활하는 도리와 임신하였을 때의 일상생활에 대한 절도를 말하였는데, 경서의 가르침을 인용하여서 증명하였고, 의서의 처방을 참고하여 실증하였으며, 혹은 모든 사물을 끌어다 비유하였고, 혹은 속된 사람들을 불쌍히 여겨 경계함을 두었다. 이치와 의리가 명백하고, 문장도 전아典雅하여 천하의 부모들로 하여금 확실하게 태교를 삼가지 않을 수 없음을 알게 하였다. 거기다가 방편자가 주註를 달아 쉽게 풀이하고, 언문으로 해석하였으니 비록 어리석은 지아비나 지어미라 할지라도 깨치지 못하는 자 없도록 하였다. 이러함은 곧 이른바 근심함이 깊었기 때문에 그 말씀이 절실하였고, 생각함이 원대하였기 때문에 그 말씀이 상세한 것이었다.

옛날에 주자朱子선생이 ≪소학≫을 펴내실 때 태임太任으로써 태교의 첫머리를 삼고, ≪열녀전≫에 나오는 임신부의 도리로써 다음으로 삼았으니, 성현께서 근본을 단정히 하고, 근원을 깨끗이 하고자 하는 뜻이 모두 이와 같다.

이 책은 ≪소학≫ 첫머리의 뜻에 근본을 두고 있으며, 말이 자세하고 절실함은 그보다 더함이 있다. 세상에 드러내어 가르침을 세우시니 무엇이 이보다 앞서겠는가. 일찍이 임금에게 바치어 나라에서 서관書館에게 인쇄하게 하여 배포하고 천하를 가르쳤다면 어찌 낳아 기름에 적지 않은 준걸俊傑과

영재英材를 얻지 못했으리오. 남몰래 수백 년을 한 집 상자 안에 감춰버린다면, 재주가 없다는 한탄을 않으려하나 그럴 수 있겠는가. 근영近永씨가 집안에서 전해 내려오던 책이 없어질까 두려워하고 세상의 교육이 쇠퇴해짐을 개탄하여 장차 이 책을 간행하여 세상에 공포하려 하니, 가히 효성이 지극하고 그 뜻 또한 대단하다 할 것이다. 세상의 독자들이 진실로 음미하여 몸소 실행한다면 우리나라에 많은 인재가 융성함을 기대할 수 있을 것이다.

병자丙子:1936년 중양절重陽節에 안동安東 권상규勸相圭가 삼가 쓰노라.

태교신기 발문

이충호李忠鎬

이 ≪태교신기≫는 이씨부인 사주당께서 지으신 책이다. 사람이 태어남에 하늘로 부여받은 것이 고른데 용모의 아름다움과 미움, 재주의 지혜로움과 어리석음이 만 가지로 다름이 있는 것은 도대체 무슨 까닭인가? ≪소학≫≪열녀전≫에 말하길, "부인이 아이를 배면 자고, 거처하고, 앉고, 서고, 먹고, 마시는 절도를 반드시 법도대로 하여야 낳는 자식들도 형용이 단정하고, 재주가 다른 사람보다 뛰어나다." 하였다. 옛날 사람들이 이미 실제로 경험하여 실행하였는데 어찌 미약한 홀몸이라 하여 경솔히 여길 수 있겠는가?

사주당 부인께서는 이씨李氏의 훌륭한 가문에서 태어나 경사經史와 제자백가서諸子百家書에 널리 통하시더니, 진주 유씨晉州柳氏의 명문으로 시집 와서는 ≪내칙內則≫과 여러 가르침을 공손히 지키셨다. 이미 규문閨門의 여사女士로 자식을 기르는 도리를 연구하여 말하길, 배태胚胎 중에 기르는 것은 어미의 직분이요 자랄 때 기르는 것은 아비와 스승의 책임이라고 하셨다.

그렇도다! 이러한 어머니로 이러한 아들을 낳으시니 곧 상사上舍인 남악南岳[1] 유경柳儆이다. 어려서도 용모가 뛰어나더니 마침내는 문장과 행실이 세상에 뛰어났으니 어찌 태교를 함으로서 이렇게 된 것이 아니었겠는가.

남악공南岳公이 스스로 줄곧 고아인양 방황하다가 옛날 상자 속에 깊이 감추어져 있던 이 책을 찾아내고는 사주당의 손길이 아직도 있음에 감격하고, 혹시나 없어질까 두려워하여 먼저 장구章句에 주석을 달고, 또 책 끝에 우리말 해석을 넣어 남녀 모두가 살펴보기 편하게 하였다.

그 강령과 조목을 살펴보면, 크게는 천지음양天地陰陽의 교태交泰[2]와 풍우뢰정風雨雷霆의 상박相剝[3]이 있고, 작게는 길흉吉凶이 우연함이 없이 나타나 섞이지 아니하며, 사정邪正이 서로 용납하지 않는 것[4] 등이 찬연하게 갖추어져 있어 앞서 말

---

[1] 남악南岳: 유희의 호號이다.

[2] 교태交泰: 태교를 잘하여 태아의 원기를 충실해짐을 말한다.

[3] 상박相剝: 태교를 잘못하여 아이의 정기가 깎임을 말한다.

[4] 길흉 ~ 않는 것: 태교를 잘하면 잘한 대로, 못하면 못 한 대로 그

한 ≪열녀전≫에 비교해 보건대, 더욱 자세하고 치밀하니 이것은 부인의 보감寶鑑이라.

나의 족제族弟 이종수李鍾洙가 일찍이 나에게 말하길, "이 책이 진귀하며, 사주당의 증손자인 근영近永이 동화東華에서 양양襄陽으로 와서 사는데 그의 가족들이 매우 화목하며, 또한 욕심이 없고 교양 있는 행위가 곧 단아한 사람이다."고 하였다.

근영씨가 이미 남악공의 유고遺稿를 베껴두고 몇 십권을 편집해두고서 출판을 기다렸는데, 먼저 이 책을 간행하여 멀고 가까운 곳에 배포하고자 하여 나에게 책 끝에 사실을 기록해 달라고 요청하였다. 세상 사람들이 한 번 본다면 몰려와서 구입해 볼 것이니, 우두하니 서서 서경西京에 종이가 귀해졌다는 미담을 지켜보게 될 것이다. 어찌 찬양을 기다릴 필요가 있겠는가. 특별히 근영씨가 돌아가신 조상의 뜻을 받드는 효도의 정성이 세상을 건지고도 다함이 없음을 경하할 따름이다.

정축丁丑:1937년 봄에 진성眞城 이충호李忠鎬가 삼가 적는다.

징험이 나타남을 말한다.

태교신기 발문

권두식權斗植

부부夫婦는 한 집안의 하늘과 땅이다. 아이를 낳아 기름에 모두 도리가 있다. 옛날에 태교의 법을 둔 것은 이렇기 때문이다. 후세 사람들이 태교의 법을 아는 자가 드물어 이미 부부생활에 삼가지 아니하고, 또한 아이를 배어 기름에 있어서 한가지로 기운이 변하는 대로 스스로 되는 것에 맡겨두고 조금도 부모가 마땅히 할 것을 힘쓰지 아니하니, 인품의 타고남이 어찌 점점 쇠약해지지 않겠는가.

오직 사주당 이숙인李淑人께서 왕가의 후예로 예법을 존중하는 가문에서 태어나 일찍이 가학家學을 이어 학문에 정진하는 바가 있었다. 유씨 집안에 시집가서 어진 남편의 배필이 되어 그 배운 바를 행하고 여인의 도리를 다 하시더니 네 자녀를 임신함에 이르러서 곧 모두 태어나기 전부터 가르치기를 한가지로 ≪열녀전≫에 이른 바대로 하셨다. 아들 서파선생이 큰 재주와 밝은 지혜로써 마침내 학문이 깊어 세상의 이름난 선비가 되었으니, 이것이 곧 태교를 한 징험이니라.

숙인께서 일찍이 평소 실천해 보았던 것으로 책 한 권을 지어서 이름 하기를 ≪태교신기≫라 하였다. 그 책을 보건대, 인용하고 비유한 것이 해박하고 절목이 상세하게 갖추어졌는데 실로 옛 사람들이 펴지 못한 것들이 있었다. 진실로 어질고 현숙하며 밝고 지혜로워 사람의 이치를 통달하고 하늘의 조화를 돕는 자가 아니라면 누가 여기에 이런 일을 할 수 있겠는가.

옛날 여인들 가운데 문장이 능한 자는 애석하게도 내세울 만한 덕이 없고, 덕이 있는 자는 전할 만한 글이 없었는데, 숙인이야말로 우뚝하도다 더불어 견줄만한 자가 없도다.

서파옹이 일찍이 이 책을 해석하여 사람들로 하여금 밝게 알기 쉽도록 하였으니 부모의 업적을 서술하여 후세 사람을 생각함이 지극하도다. 오랜 동안 옷상자 속에 처박혀 있었음을 식자識者들이 한탄하였는데, 증손자인 근영近永씨가 분개하여 뜻을 내어서 출판하여 길이 전할 바를 도모하였다. 나에게 글을 청하여 책 뒤에다 기록하려 하거늘, 간절히 사양했으나 거절하지 못하였다. 이에 옷깃을 여미고 한마디 부치노니 어찌 좋은 일이 아니겠는가.

선조의 글이 어느 것 하나 중요하지 않겠는가마는 이 책이 세상을 가르침에 관계됨은 평범한 글에 비교될 바가 아니다. 세상의 부인들이 숙인으로서 본보기를 삼는다면 족히 한 집안의 화평을 이루고, 아이들의 타고난 재주가 옛날 사람들만 같지 못함을 걱정하지 않으리라. 이 책이 발행됨이 어찌 우리나라의 커다란 행복이 아니겠는가. 오호라 아름답도다.

정축丁丑:1937 춘분절春分節에 안동 권두식權斗植이 삼가 쓰노라.

태교신기 발문

유근영柳近永

이 ≪태교신기≫는 우리 증조할머니 숙인淑人 완산이씨完山李氏 사주당師朱堂께서 지으신 책이다. 귀중하고 기이하여 아름답고 은혜로운 보감寶鑑에 있어서 이 책에 비교할 만한 것이 고금의 여러 책에서 거의 없을 것이다. 예로부터 글로서 후세에 가르침이 남자로서 말한다 할지라도 사람마다 능히 할 수 있는 것이 아니거늘, 하물며 여자에 있어서랴.

성현들께서 경전을 지으신 뜻은 대개 태어난 이후에 가르치기 위한 것으로 주된 뜻을 삼았다. <선기직금지사璇璣織錦之詞>[1] <옥루소년지편玉樓少年之編>[2] 같은 글은 뛰어난 재주

[1] 선기직금지사璇璣織錦之詞: 진晉나라 두도竇滔의 부인 소씨蘇氏가 비단에 짜아 넣었다는 회문시回文詩를 말한다. 매우 애상哀傷적이다.

이나 감상에 젖음이 지나치고, 곧고 정중한 덕이 부족하다. 이 책은 문장을 반복하여 배열하였으나 간결하고 정중하며 바르고 정숙하여 가히 ≪예기≫의 빠진 것을 보충하였다 할 수 있다. 태임太任[3]과 사姒[4] 이후로 태교의 법을 실행한 자가 천고에 거의 없으니, 아마 이는 숙인께서 몸소 체험하신 바의 실제 기록이다.

오호라! 숙인께서 일생동안에 지으신 바가 적지 않으셨건만 임종에 이르러서 유언하시길 "여자의 책이란 세상에 긴요하지 않으니 모두 불태워버리되, 오직 이 한 권의 책은 마땅히 집안 대대로 전하여서 아녀자들로 하여금 거울로 삼게 하라." 하셨다. 따라서 이 책이 오늘까지 남게 된 것이다.

슬프다. 숙인이 경계하시던 말씀이 영원히 없어져 버리고 한 권의 책만 겨우 남았거늘, 우리 자손들이 쇠락하기 짝이 없어 이 책도 세월이 오래가면 없어질 우려를 면치 못하게 되었다. 이런 까닭에 불초 근영近永이 아침 저녁으로 통한痛恨하다가 미약한 힘을 다 쏟아 조판에 맡기고, 묘지墓誌 한 편을 뒤에 덧붙였다. 이는 집안 대대로 전하는 아름다운 교훈을 삼

---

[2] 옥루소년지편玉樓少年之編: 왕발王勃의 <등왕각서滕王閣書>에 나오는 글로, 정중한 맛이 없고 경망하다고 평가된다.

[3] 태임太任: 문왕文王의 어머니.

[4] 사姒: 우禹임금의 어머니.

고자 할 따름이다.

병자년(丙子年:1936) 11월 25일 불초 증손 근영近永이 피눈물을 흘리며 쓰노라.

▌참고문헌▐

이사주당, ≪태교신기≫, 국립중앙도서관 소장본.

이사주당, ≪태교신기≫, 성균관대 소장본.

최삼섭·박찬국 역해(1991), ≪태교신기≫, 성보사.

배병철(2005), ≪다시보는 태교신기≫, 성보사.

최희석(2008), ≪태교신기≫, 한국학술정보.

권영철(1972), <태교신기연구>≪여성문제연구≫ 2집, 효성여대.

유효실(2005), <태교신기연구>, 한국교원대 대학원 석사논문.

권호기(1982), <수고본 태교신기>≪서지학연구≫ 7집.

박용옥(1985), <한국에 있어서의 전통적 여성관-이사주당과 ≪태교신기≫를 중심으로>≪이화사학연구≫ 16.

정정혜(1988), <한국전통사회의 태교에 관한 고찰: 태교신기를 중심으로>, 영남대 가정학과 석사논문.

정양완(2000), <태교신기에 대하여>≪새국어생활≫ 10-3, 국립국어연구원.

장정호(2005), <유학교육론의 관점에서 본 태교신기의 태교론>≪대동문화연구≫ 50호, 대동문화연구원.

정해은(2006), <이사주당의 생애와 교육관>≪2006년 경기여성재조명심포지엄: 조선후기 여성지식인 사주당이씨≫, 경기도향토사연구협의회.

홍순석(2010), <여성실학자 사주당 이씨>≪용인학≫, 채륜.

‖ 옮긴이에 대해 ‖

석경헌石鏡軒 주인 이수경李壽敬은 서울태생이다. 1982년에 용인으로 출가하여, 처인구 마평동에 살고 있다. 송곡여중·고등학교 국어교사로 30년간 재직하다가 교감으로 명예퇴직하였다. 현재 다문화가정 청소년들의 교육 봉사에 전념하고 있으며, 이사주당기념사업회 임원으로 활동하고 있다.

처인재處仁齋 주인 홍순석洪順錫은 용인 토박이다. 어려서는 서당을 다니며 천자문에서 소학까지 수학했다. 그것이 단국대, 성균관대에서 한문학을 전공하게 된 인연이 되었다. 지역문화 연구에 관심을 갖기 시작한 것은 강남대 교수로 재임하면서부터다. 용인·포천·이천·안성 등 경기 지역의 향토문화 연구에 30여 년을 보냈다. 본래 한국문학 전공자인데 향토사가, 전통문화 연구가로 더 알려져 있다. 연구 성과물이 지역과 연관되는 것도 이 때문이다.

胎教新記

單

胎教新記序

夫二儀構精醇醨未分四大成形聖凡已判是以端莊之化可以育明聖之德勛華之導不能移均朱之惡蓋未分則教可從心已判則習不移性此胎教之所以重也柳夫人李氏完山世族春秋今八十有三幼而好書淹明經訓旁貫載籍寄意高奇以爲世之才難胎教之不行也乃採綴典訓遺意先達微旨凡姙婦之心志事爲視聽起居飮食之節皆參經禮而垂範綜賾記而炯鑑酌醟理而啓悟出入玅奥勒成一編子西陂子儆離章辨句而釋之是謂胎教新記

以補前人之闕文於戲遠矣西陂子與余新知有絶
倫聰識詩書執禮固所雅言其學尤深春秋而於陰
陽律呂星曆籌數之書莫不達其源而窮其支君子
謂夫人之教使然西陂子曰稼谷尹尚書尤顧甚奇
此書欲序未及而卒子爲我成之綽奉覽反復曰此
秦漢以來所未有之書且婦人之立言垂世尤所罕
聞昔曹大家作女誡扶風馬融善之使妻女誦焉然
女誡所以誡成人成人而誡豈若胎教之力夫胎者
天地之始陰陽之祖造化之橐籥萬物之權輿太始
氤氳渾沌之竅未鑿妙氣發揮幽贊之功在人方其

陰化保衛脈養月改靈源之呼吸流通奇府之榮血
灌注母病而子病母安而子安性情才德隨其動靜
哺啜冷暖爲其氣血未施黼藻龍鳳之章闇就事同
埏埴瑚璉之器先衰學有生知教不煩師用是道也
故曰賢師十年之訓未若母氏十月之教覽此書者
誠能昭布景訓衿珮諸媛庶見金環載肅無非義訓
而王國克生盡爲恩皇矣　純廟廿一年辛巳重陽
後日平州申綽謹序

3

4

胎敎新記音義序略

始寅普閱西陂柳先生傳所著書目有曰胎敎新記音義意其爲以儀內則胎敎之旨而未知爲誰作而先生釋之後讀先生文錄考妣墓誌知先生母李淑人邃經晰禮先生早喪考木川君其學受自淑人淑人旣老著胎敎新記傳於家又見申石泉綽木川君暨淑人合葬墓碣趙東海琮鎭先生誌皆推服是書石泉又爲之序以爲出入妙奧寅普亟思讀其書訖先生曾孫德永徧檢遺書卒不得謂其佚也今年杪冬德永從父弟近永自嶺之醴泉千里相訪出一編

5

則先生手書胎教新記音義也寅普竊嘗殆不自定不惟十載耿耿一朝而償久願以先生卓犖閎碩而淑人訓之知先生者當知淑人之學爲何如而是書實淑人平生心力所凝聚此而不傳於震域學術遺恨至鉅乃幾不傳而傳其爲幸可勝道哉淑人在室習經讀六藝百家之言旣歸木川君木川君又負絶學夫婦衎衎講明古聖賢指義剸治曆筭至律呂靈素靡所不覼偕餐木川君沒則嫥意教先生夫其勤勤於腹胎以預其薰化繼之苦心纂綴思廣其道於後則其養之於旣生導之於旣長者不待言也迨淑

6

人晚節先生道行俱高著述滿家先生同母姊妹三
人皆端莊有文淑人之爲是書固驗諸己而徵視見
之實與虛依於理而設其言者異矣胎教之說昉見
於戴記然已略晚世遠而始言優生優生者優其生
也凡遺傳悴癆癲癡瘵毒諸惡疾浸淫綿聯終以滅
癃族類則明爲之防用粹其良其說視蠶養療飼爲
玄遠益以彼治其成此事其先然亦止於是而已至
其養之於畜盦之初制術猶踈剏仁聰義施德教眇
化去之固邈然也淑人之書首重父行母儀俾慊子
之母率由順正以御氣血而方化者象焉觀其博究

7

精辨謂世多不肖非氣數使然孤陋寡識可謂前無古人矣或目見則論見物而變或耳聞則論聞聲而感其說䚡理縝栗冥會幼眇居養事爲坐動行立寢卧飮食皆審碻周詳其言存心也曰延醫服藥足以止病不足以美子貌汎室靜處足以安胎不足以良子材子由血成而血因心動其心不正子之成亦不正姙婦之道敬以存心毋或有害人殺物之意奸詐貪竊妬毁之念不使蘖芽於胸中然後口無妄言面無歉色若斯須忘敬已失之血矣嗚呼豈非所謂造之源而體之切者耶此講學之精言足以頡頏前賢

8

其徒以胎教垂後則自以婦人珩璜造次思不越其位故也蓋其講之至明察之至密古之言胎教至是克底成典爲數千年來所未有衛諸遠西兼包有優生家言而其洞本原操心御血優生家所莫逮苟行之廣而群以則焉雖俊乂比屋可也其毗輔人群豈有旣哉自文教中衰　昭憲后內訓以外域中閨壼以經禮著述傳者絶鮮　肅　英以後樸學起而洪淵泉奭周母徐氏名能文僅傳其詩徐楓石有榘兄有本夫人李氏淵博富聞著閨閤叢書今其書存否未可知其有書以傳而書又關係世道則獨淑人爲

9

然假使沿襲洪訓猶爲綦重況其獨繇微言妙達天人如淑人而是書至今不大傳值寰宇多故人物眇然之日撫遺篇而回皇又安能不重爲之歎慨也雖然淑人之著而先生之釋其精爽獨亘久遠决不沈湮子孫之圖其傳無苟於一時而必思先世潔修之節以期其不累重而愼之所以善其傳也淑人生

英祖己未卒于　純祖辛巳書之成在　正祖季年又一年而音義就先生自稱子男儆實先生初名而書末附以正音讀解詞語高古有法慮出自淑人玆又承學者所宜褒賁也近永志刊先生全書首事是

書寅普爲序其略如此云丙子十二月後學鄭寅普
謹書

11

12

胎教新記目錄

胎教新記章句大全
附錄
墓誌銘 並序
跋
胎教新記章句諺解

13

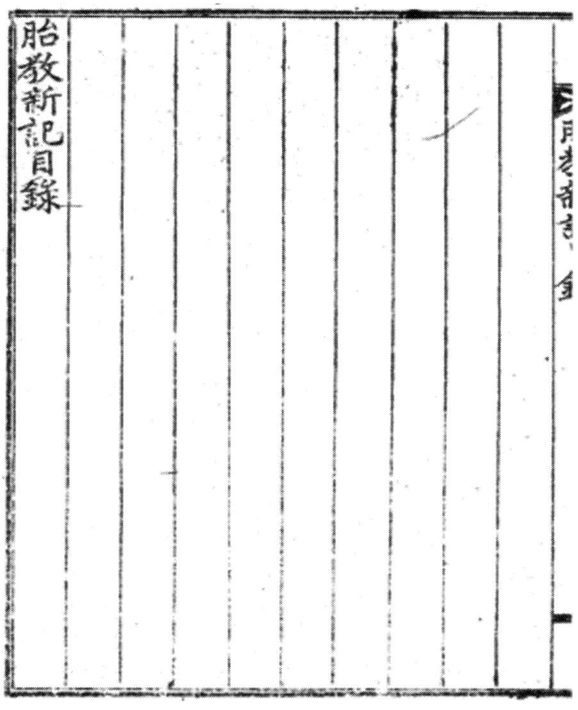
胎教新記目錄

14

敎去聲 復司 數去聲 內則禮記篇名

胎教新記章句大全

晉州柳氏婦師朱堂完山李氏著　子男儆釋音義

女範曰上古賢明之女有娠胎教之方必愼 女範 明節婦劉氏所著 今考之諸書其法莫有詳焉自意求之盖或可知矣余以所嘗試於數四娠育者錄爲一編以示諸女非敢擅自著述夸耀人目然猶可備內則之遺闕也故名之曰胎教新記

人生之性本於天氣質成於父母氣質偏勝馴至于蔽性父母生育其不謹諸 勝如字馴音殉諸語助辭

馴順習也蔽掩使不見也朱子曰天命與氣質亦

胎教新記大全 一

15

相家同爨有天命便有氣質若無此氣則此理如
何頓放天命之性本未嘗偏但氣質所稟卻有偏
處蓋此氣承載此理而行氣有傾向理不得不隨
故氣質之性用事既久遂能掩蔽本然之至善實
由於男女未謹胎教使其方至之氣方凝之質不
得中正而然也○此節首言人生氣質之由

父生之母育之師教之一也善醫者治於未病善斆
者斆於未生故師教十年未若母十月之育母育十
月未若父一日之生斆音効
生指入胞也育指養胎也教誨也斆亦教也十月

16

自入胞至解產月數也入胞之後鈥合成胎母之十二經脈分月遞養始于足厥陰終于足太陽而手太陽手少陰則下主月水止爲乳汁故不在養胎之數餘計十箇月乃產也○此節言教有本末

胎教爲本師教爲末

夫告諸父母聽諸媒氏命諸使者六禮備而後爲夫婦日以恭敬相接無或以褻狎相加屋宇之下牀席之上猶有未出口之言焉非內寢不敢入處身有疾病不敢入寢身有麻布不敢入寢陰陽不調天氣失常不敢宴息使虛欲不萌于心邪氣不設于體以生

士昏禮儀禮篇名 適正也 衰縗同 坎水喻腎 离火喻心

其子者父之道也詩曰相在爾室尚不愧于屋漏無曰不顯莫予云覯神之格思不可度思夫告之夫音扶諸語助辭使者之使相在之相並去聲思語詩辭度入聲聽聽從也媒氏周禮掌男女之娶嫁者命謂送致詞命也士昏禮納采問名納吉納徵請期親迎凡六禮惟親迎無使者猶有未出口之言謂敬以相憚不敢盡言心內之私也內寢妻之適室也麻經布衰謂喪服也不調失常謂隆寒盛暑烈風雷雨之類也宴息謂安寢也坎水不涸則虛欲不萌离火常明則邪氣不設如是然後神旺精盛生子而

視上 補遺 同

才且壽也詩大雅抑之篇相視也屋漏室西北隅也覯見也格至度測也言視爾獨居之時猶不愧于幽深之處而後可爾無曰此非顯明而莫有見者當知鬼神之妙無物不體其至於是有不可得而測矣○此節言胎教之道始自男女居室之間而其責專在於父

受夫之姓以還之夫十月不敢有其身非禮勿視非禮勿聽非禮勿言非禮勿動非禮勿思使心知百體皆由順正以育其子者母之道也女傅曰婦人姙子寢不側坐不偏立不蹕不食邪味割不正不食席不

19

詩麟趾篇 樂記文 禮記 名 任去聲 說音寢

正不坐目不視邪色耳不聽淫聲夜則令瞽誦詩道正事如此則生子形容端正才過人矣 知傳並去聲 偏本作邊誤

同譯讀 彼智反

古者爲子孫爲姓詩云振振公姓有私有也非禮勿視以下十六字論語文使心知以下九字樂記文女傳漢劉向所著列女傳姙娠懷子也寢寐也側仄同不正也偏邊同一邊也蹕跛同偏任也邪味鉠品之奇巧者邪色容色之妖冶者淫聲音樂之憔亂者瞽樂師無目者詩孔子所刪三百篇也道說也正事正人君子之事也陳氏曰婦人姙

能耐同

春秋穀梁傳 無行以下論語文 聲色以下中庸文

子坐立視聽言動無不一出於正然後生子形容端正才能過人矣○此節言胎教之責專在於女子長羈丱擇就賢師師教以身不教以口使之觀感而化者師之道也學記曰善教者使人繼其志長去聲羈丱音奇慣

羈束髮也丱兩角貌春秋傳曰羈丱成童師教以身猶曰無行而不與二三子者也不教以口猶曰聲色之於以化民末也觀目觀感心感化身化也學記禮記篇名繼其志者人樂倣傚也○此節言既長之後責在於師

21

是故氣血凝滯知覺不粹父之過也形質寢陋才能不給母之過也夫然後責之師師之不教非師之過也知過竝去聲能乃代反夫音扶後同

粹精純也寢醜陋劣也能耐同才力也給之爲言足也○此節結上三節之意而言子有才知然後專責之師

右第一章只言教字○此章言氣質之病由於父母以明胎教之理

夫木胎乎秋雖蕃廡猶有挺直之性金胎乎春雖勁利猶有流合之性胎也者性之本也一成其形而教

陰陽家推擇吉凶之術

礦金樸養去聲後節同

之者末也(廣古通慕訥音默)

陰陽家木胎於酉生於亥旺於卯絶於申金胎於卯生於巳旺於酉絶於寅挺上抽也性指氣質之性木是柔物而猶能挺直者稟乎秋也金是剛物而猶能流合者稟乎春也性之得於胎敎者如此一成其形謂木芽金礦及人之産也○此節言物之性由於胎時之養

胎於南方其口闊南方之人寬而好仁胎於北方其鼻魁北方之人倔強而好義氣質之德也感而得乎十月之養故君子必慎之爲胎(闊宏通倔音掘)

23

閼溪大也魁高峯也南方水溪故曰閼北方山高故臭魁孔子曰寬柔以敎不報無道南方之强也衽金革死而不避北方之强也德性之效也○此節略擧以見人之性由於胎時之養

右第二章只言胎字○此章引譬以見胎敎之效

古者聖王有胎敎之法懷之三月出居別宮目不衺視耳不妄聽音聲滋味以禮節之非愛也欲其敎之豫也生子而不肖其祖比之不孝故君子欲其敎之豫也詩曰孝子不匱永錫爾類 衺古邪字 匱音饋

梁顔之推家訓

比三以下大戴禮文 荷上聲 升一作幷 調平聲 種上聲

古者聖王以下三十三字顔氏家訓文懐之三月始知胎也出居別宮欲寧靜也目不衺視正容貌也耳不妄聽絶褻語也音聲滋味以禮節之節所謂比三月若王后所求聲音非禮樂則太師撫樂而稱不習所求滋味非正味則太宰荷升不敢煎調而曰不敢者也愛憐惜也豫先事也肖似也子不肖祖比之無後故其父自為不孝也詩大雅旣醉之篇匱竭錫賜也言孝子之種不竭長賜以汝之類也〇此節言古人有胎教而其子賢

今之姙者必食恠味以悅口必處凉室以泰體閑居

25

觀產語

無樂使人諧語而笑之始則誑家人終則久臥恒眠誑家人不得盡其養久臥恒眠榮衛停息其損之也悖待之也慢惟然故滋其病而難其產不肖其子而墜其家然後歸惡於命也(閒音閑樂音洛養去聲誑俱況反)

諧語謂可笑謊說也誑欺瞞也盡盡其道也血行爲榮氣行爲衛周流一身者也息止也損嬉婦自護也待謂他人待嬉婦也滋益也家謂家聲也命命數也○此節言今人無胎教而其子不肖

夫獸之孕也必遠其牡鳥之伏也必節其食果蠃化子尚有類我之聲是故禽獸之生皆能肖母人之不

空去聲

肖或不如禽獸然後聖人有惻然之心作爲胎教之法也(遠袁萬反伏去聲 果本作蜾蠃上聲)

遠遠之也獸之雄曰牡鳥抱卵曰伏果蠃細腰蠭䖵蒲盧也純雄無子取桑虫附之於木空中祝之曰類我類我七日而化爲其子禽獸多知母而不知父故只曰肖母惻然傷痛貌○此節言以人而不可無胎教

右第三章備論胎教

養胎者非惟自身而已也一家之人恒洞洞焉不敢以忿事聞恐其怒也不敢以凶事聞恐其懼也不敢

胎教新記 七

以難事聞恐其憂也不敢以急事聞恐其驚也怒令子病血懼令子病神憂令子病氣驚令子癲癇養去聲後凡言養胎同洞上聲聞去聲難平聲癇亦作癎

自身指姙婦而言也洞洞敬謹貌怒則氣逆而血迫懼則氣下而神散憂傷肺肺主氣驚傷膽膽屬木癲癇風木疾在小兒為驚風○此節首擧胎教之大段

與友久處猶學其爲人况子之於母七情肖焉故待姙婦之道不可使喜怒哀樂或過其節是以姙婦之旁常有善人輔其起居怡其心志使可師之言可法

惡去聲 慾欲同

之事不聞于耳然後惰慢邪僻之心無自生焉待妊婦滿上聲樂音文洛瞿音渦

爲人謂心術也七情喜怒哀懼愛惡欲也可師之言可法之事謂古人之嘉言善行也間間斷也末句復言待妊婦者總名此節也下十一節倣此○

胎教之法他人待護爲先

妊娠三月形象始化如犀角紋見物而變必使見貴人好人白璧孔雀華美之物聖賢訓戒之書神仙冠珮之畫不可見倡優侏儒猿猴之類戲謔爭鬪之狀刑罰曳縛殺害之事殘形惡疾之人虹霓震雷日月

29

醫學入門李梴著　經血假　䏶音運　惡入聲

薄蝕星隕彗孛水漲火焚木折屋崩禽獸淫泆病傷
及汚穢可惡之蟲姙婦目見（娠音申象像通兒女字孕入聲可惡之惡去聲）
醫學入門曰夫人之有生也精血日化從有入無
中竅日生從無入有自然旋轉九日一息次九又
九九二十七日卽成一月之數凝成一粒如露珠
然乃太極動而生陽天一生水謂之胚此月經閉
無潮無痛飮食稍異平日不可觸犯及輕率服藥
又三九二十七日卽二月數此露珠變成赤色如
桃花瓣子乃太極靜而生陰地二生火謂之䏶此
月腹中或動不動猶可狐疑若吐逆思酸名曰惡

30

涕臭液絨鍊名　壽世保元明璧書名　空去聲

但有孕明矣又三九二十七日即三月數百日間
變成男女形影如清臭涕中有白絨相似以成人
形臭與雌雄二器先就分明其諸全體隱然可悉
斯謂之胎乃太極之乾道成男坤道成女此時胎
最易動不可犯禁忌所謂形象始化也㕑南方猛
獸似豕黑色三角一在頭上一在額上一在鼻上
角色明黃往往有黑紋如物形多由其母相感時
所目見而生也必使以下十一字壽世保元文貴
人有爵位之人好人有德長老也璧玉名圓而有
空孔雀鳥名尾翠而長有異彩冠冠冕珮珮玉謂

31

公羊春秋

冠珮之朝官也倡優卽今之才人花郎侏儒卽今
之難長皆所以爲戲者猿猴二獸名寓屬似人人
家馴之以供玩美謔戲語也曳過曳也縛綁縛也
殘形如眇躄無脣之類惡疾如狂癎瘖癩之類霓
雌虹也震雷擊物也薄蝕相薄而食也朒而月過
日下則日蔽不見望而日月正當則月入地影
而光沒昝其形漸漸犯入如蟲食葉故曰蝕自上
而下曰隕春秋作霣彗妖星有芒而長尾如掃篲
孛失行之星也漲水大至也焚燒之壯也淫淫亂
也泆淫貌淫泆病傷並指禽獸而言也汚穢如蝸

32

蛚之屬可惡如蛇蝎之屬○自正其心者先謹目
見
人心之動聞聲而感姙婦不可聞淫樂淫唱市井喧
譁婦人詬罵及凡醉酗忿辱傢哭之聲勿使婢僕入
傳遠外無理之語惟宜有人誦詩說書不則彈琴瑟
姙婦耳聞樂音岳詬音構酗兄赴反說音雪不平聲
淫樂如巫覡迎神佛事請衆之類淫唱如倡優打
量兒童時調之類古者八家同井相救助故民居
謂之井詬詬語也酗醉怒也傢哭聲也遠外遠方
相外之地無理之語謂鄙俚褻談也詩指三百篇

33

及樂府歌行誦之取其音響也書指經書及先儒文字說之取其旨義也彈手彈也○旣謹目見耳聞次之

延醫服藥足以止病不足以美子貌汎室靜處足以安胎不足以良子材子由血成而血因心動其心不正子之成亦不正姙婦之道敬以存心毋或有害人殺物之意奸詐貪竊妒毁之念不使蘖芽於胸中然後口無妄言面無歉色若斯須忘敬已失之血矣姙婦存心 汎音梵處上聲毋無通歉呵欽反

延迎致也飮藥曰服汎洒也謂洒水而掃之也良

令去聲　養上聲　繆音謬

亦美也材猶質也血心並指母而言也毋禁止辭
奸以心欺詐以言欺也貪明取財竊暗取財也妒
心忌人毁言誣人也念意之發也蘖芽言如艸木
之始萌也歉不足也斯須猶言須臾也失之血謂
血不由其行也蓋人之百體皆聽令於其心故其
心一正而耳目聰明血氣和平施之百事莫不順
成然素無涵養則心不可猝正故君子必愼之於
視聽言動無或由非禮者所以爲此心常惺惺地
也今若不務乎主敬而徒區區於耳目鼻口之末
節則本源已繆百體不順故胎教之法尤當以存

胎敎新記　十二

35

心爲主○視聽旣正然後心正

姙婦言語之道忿無厲聲怒無惡言句語無搖手笑無見矧與人不戲言不親詈婢僕不親叱鷄狗勿誑人勿毁人無耳語句言無根勿傳非當事勿多言姙婦言語 書語耳語之語上聲語無之語去聲當本去聲見音現詈入聲傳平聲

直言曰言論難曰語厲猛也惡言不順之言也搖手如抵掌揶揄之類矧齒本也不親者使人代之也叱詈聲也誑人謂詠語毁人謂誣語也言無根猶曰無稽之言也當事凡謀事成務皆是也○心正則言正

居養不謹胎之保危哉姙婦既姙夫婦不同寢衣無
太溫食無太飽不多睡卧須時時行步不坐寒冷不
坐穢處勿聞惡臭勿登高廁夜不出門風雨不出不
適山野勿窺井塚勿入古祠勿升高臨深勿涉險勿
擧重勿勞力過傷勿妄用鍼灸勿妄服湯藥常宜淸
心靜處溫和適中頭身口目端正若一姙婦居養養去聲穢處之處亦去聲靜處之處上聲不適之適音逆適中之適音的
居自居養安養也衣無太溫以下十七字勿涉險
以下二十一字並醫學入門文勿登高廁四字醫
學正傳文適中適天時之中也〇外養則居處爲

37

惡去聲 銛音纖 餈音茨

先

姙婦苟無聽事之人擇爲其可者而已不親蠶功不登織機縫事必謹無使鍼傷手饌事必謹無使器墮破水漿寒冷不親手勿用利刀無刀割生物割必方正姙婦事爲聽去聲饌音撰

聽任之也可者謂無妨之事也不蠶惡其殺生也不織惡其揻體也鍼傷手則身驚器墮破則心驚親手猶言着手也利刀銛刀之刀也生物謂鷄雀魚蟹之類方正指凡肉菜餅餈而言也○居養亦不得全無事爲

38

任去聲

姙婦端坐無側載無恃壁無箕無踞無邊堂坐不取高物立不取在地取左不以右手取右不以左手不肩顧彌月不洗頭姙婦坐動洗西禮反

側載身任一邊也恃依也箕展足踞蹲足也邊堂于堂之邊也肩顧謂顧而轉肩也彌月猶言滿朔也動指坐不取以下而言也○事爲不可常故次之以坐

姙婦或立或行無任一足無倚柱無履危不由仄逕升必立降必坐勿急趨勿躍過姙婦行立降音絳

履踐也升必立不坐升階也降必坐不立降階也

39

過指瀟奚而吉也○人不可以常坐故次之以行
姙婦寢臥之道寢毋伏臥毋尸身毋曲毋當隙毋露
臥大寒大暑毋晝寢毋飽食而寢彌月則積衣在旁
而半夜左臥半夜右臥以爲度姙婦寢臥伏匐並如字度去聲
尸仰臥曲屈臥也隙戶穴也露無庇也積襞積也
支拄旁脇也度常法也○行立之久必有寢臥
姙婦飲食之道果實形不正不食蟲蝕不食腐壞不
食瓜蓏生菜不食飲食寒冷不食食饐而餲魚餒而
肉敗不食色惡不食臭惡不食失飪不食不時不食
肉雖多不使勝食氣服酒散百脉驢馬肉無鱗魚難

産麥芽葫蒜消胎莧菜蕎麥薏苡墮胎薯蕷旋葍桃
實不宜子狗肉子無聲兎肉子缺脣螃蟹子橫生羊
肝子多厄雞肉及卵合糯米子病白蟲鴨肉及卵子
側生雀肉子淫薑芽子多指鮎魚子疳蝕山羊肉子
多病菌蕈子驚而夭桂皮乾薑勿以爲和獐肉馬刀
勿以爲膾牛膝鬼箭勿以爲茹欲子端正食鯉魚欲
子多智有力食牛腎與麥欲子聰明食黑蟲當產食
蝦與紫菜姙婦飮食 食療食饐食氣之食音嗣蒜音算饐於冀反餧奴猥反鶻烏蕩
反急勝並如字散去聲藷音蝃蒜歟反去聲莧音現蕷音孕薯蕷音署殘音雁權音懽鮎烏兼反疳
音甘蕈辛反葦音導花音千號音 聲

胎敎新記 十四

41

萵苣音窩粗　飪而甚反　得効方危亦林著　黃顙俗名鋼雀魚鰻鱺俗

蟲蝕腐壞亦指果實而言也蓏諸瓜總名生菜如
萵苣菘葉之類飲水漿也食飯也食饐以下三十
五字論語文饐飯傷熱溼也餲味變也魚爛曰餒
肉腐曰敗色惡臭惡味亦將變也飪烹調生熟之
節也不時五穀未成果實未熟之類服酒以下十
六条皆禁忌之由也服酒散百脉五字得効方文
驢馬以下至子驚而夭見醫學入門而本文無蕎
麥二字及薯蕷以下九字無鱗魚黃顙鰻鱺之屬
葫蒜大蒜也莧有六種此言莧指人莧也蕎麥木
麥也薏苡草實名殼薄者可作粥食薯蕷山藥也

名蛟長魚麗蟲間粘青頻駢跂眠反

旋葍艸名蔓生花似牵牛而紅色根似薯蕷而細
甘脆可蒸食糯粘稻也白蟲寸白蟲也雀黄雀也
多指莊子所謂駢拇枝指也鮎魚無鱗有涎背青
黑生江湖中首有香氣疳蝕口中惡瘡也地生曰
菌木生曰蕈皆溼氣所成也鸑鷟鳳也桂皮桂木
皮也乾薑乾白之薑也和如商書若作和羹之和
言以桂薑爲粉調和餠餈也馬刀蛤名偏長如斬
馬刀生沙水中臛肉羹也牛膝艸名葉似酸棗節
如牛節故得名鬼箭木名叢生身有四忍如箭之
羽故名曰鬼箭羽其葉可作菜食茹食菜也乾薑

馬刀散氣瘴肉桂皮牛膝鬼箭皆墮胎故不食欲子端正以下十八字壽世保元文腎臟名麥大麥也黑蟲生海中卽海蔘也當産猶言臨産也蝦乾蝦也紫菜卽海藿也○寢起必食食最重故在後姙婦當産飮食充如也徐徐行頻頻也無接褋人子師必擇痛無扭身(句)偃卧則易産姙婦當産(扭音紐 易去聲)充如言常實也頻頻少休復行也子師若今之乳母也內則曰擇於諸母與可者必求其寬裕慈惠溫良恭敬愼而寡言者使爲子師扭絞轉也偃卧倚物仰面而卧也○胎敎止於産故以産終焉

44

腹子之母血脉牽連呼吸隨動其所喜怒爲子之性
情其所視聽爲子之聰明其所寒暖爲子之氣候其
所飮食爲子之肌膚爲母者曷不謹哉 候去聲

腹猶言懷也候節候也以言氣之往來也○總結
上文十三節

右第四章胎教之法

不知胎教不足以爲人母必也正心乎正心有術謹
其見聞謹其坐立謹其寢食無襍焉則可矣無襍之
功裕能正心猶在謹之而已

術路也襍謂不一也裕優也蓋言無襍則優足以

45

難去聲

正心其功之大如此猶不過謹之一字也○此節言胎教之要

寧憚十月之勞以不肖其子而自爲小人之母乎曷不強十月之功以賢其子而自爲君子之母乎此二者胎教之所由立也古之聖人亦豈大異於人者去取於斯二者而已矣大學曰心誠求之雖不中不遠矣未有學養子而后嫁者也勞平聲強去養並上聲中去聲后後通

寧猶豈也憚患之也強勉強也功猶言工夫也去取猶言取舍也大學舊禮記篇名今爲別書誠實也言若以實心求之庶幾得其道也○此節難之

46

而使自求

爲母而不養胎者未聞胎教也聞而不行者晝也天下之物成於強隳於晝豈有強而不成之物也豈有晝而不隳之物也強之斯成矣下愚無難事矣晝之斯隳矣上智無易事矣爲母者可不務胎教乎詩曰借曰未知亦旣抱子 強上聲隳乎爲反易以豉反知去聲

晝猶論語今女晝之晝自限不進也物亦事也隳毁也務用力也詩大雅抑之篇借假也亦假使曰汝未有知識汝旣長大而抱子宜有知矣〇此節承上言求則得之

47

右第五章以下襍論胎教○此章反覆勸人使
行胎教

養胎不謹豈惟子之不才哉其形也不全疾也孔多
又從而隨胎難産雖生而短折誠由於胎之失養其
敢曰我不知也書曰天作孼猶可違自作孼不可逭
從去聲失養之養亦去聲逭音換

形不全謂殘缺不成形也疾病孔甚也短折橫夭
也誠信也我不知猶言非我之罪也書商書太甲
之篇孼災違避逭逃也言天降災禍猶可修德而
避之身旣失德而致之則又安所逃乎

發願祈於佛以求成善願也功果猶功効也並見佛書

右第六章○此章極言不行胎教之害

今之姙子之家致瞽人巫女符呪祈禳又作佛事舍施僧尼殊不知邪僻之念作而逆氣應之逆氣成象而罔攸吉也呪支舊反舍捨通施應亦去聲象像通

致致之也瞽則書符誦呪巫則祈福禳災佛事發願功果之類舍施者舍己財而施之佛也男曰僧女曰尼三者之術皆不見其實効而猶且惑之所謂邪僻之念也作起也逆氣者理之所舛而氣不由其順也罔無之甚也攸所也○此節戒惑邪術

性妒之人忌衆妾有子或一室兩姙婦姒娣之間亦

未相容持心如此豈有生子而才且壽者吾心之天也心善而天命善天命善而及子子孫詩曰豈弟君子求福不回闓音凱豈弟音愷悌

性指氣質之性爾雅長婦謂稚婦爲娣婦娣婦謂長婦爲姒婦持心猶言處心也吾指姙婦而言也吾心之天猶言吾之心天也吾之心本受於天命而天命旣善故心善則理順理順則和氣應之而生子才且壽也詩大雅旱麓之篇豈弟樂易也回邪也言君子以所以求福乃無邪回也一有邪回之心則福不可求矣○此節戒存邪心

元時儒醫朱震亨號丹溪著格致餘論等

右第七章○此章戒人之以媢神拘忌爲有益於胎

醫人有言曰毋得寒俱俱寒毋得熱俱熱知此理也子之在母猶瓜之在蔓潤燥生熟乃其根之灌若不灌也吾未見母身不攝而胎能養胎不得養而子能才且壽者也養去聲

醫人朱丹溪也毋得寒以下十二字出格致餘論寒熱俱指病證而言也蔓謂瓜之蔓也潤燥生熟指瓜而言也灌以水注地也若猶言與也養謂養之之道○此節言養胎之所當然

51

孿子面貌必同良由胎之養同也一邦之人習尚相近養胎之食物爲教也一代之人品格相近養胎之見聞爲教也此三者胎教之所由見也君子旣見胎教之如是其皦而猶不行焉吾未之知也孿雙汗反養同之養去聲尚亦去聲由見之見音現皦皦通音皎

孿雙生也戰國策曰孿子之相似唯其母知之良信也邦邑也習尚謂習俗之所尚如晉魏儉嗇燕趙悲慨是也食物姙婦所食之物爲教言自然之効有如胎教也一代一時也稟格謂所稟之氣格如西漢重厚東晉清虛是也見聞姙婦之所見所

52

聞也所由見言始徵於此三者也皦明白貌曰未之知者恠之也〇此節言養胎之所已然又歎其不行

右第八章〇此章襍引以證胎教之理申明第二章之意

胎之不教其惟周之末癈也昔者胎教之道書之玉版藏之金櫃置之宗廟以爲後世戒故太任娠文王目不視邪色耳不聽淫聲口不出敖言生文王而明聖太任教之以一而識百卒爲周宗邑姜妊成王於身立而不跛坐而不蹉獨處而不踞雖怒而不詈胎

53

夫如字 姆蒙慈友女師也 孟子母見列女傳 保傅大戴禮篇名 孫古遜字 祭法禮記篇

敎之謂也
按內則妻將生子及月辰居側室夫使人日再問之作而自問之妻不敢見使姆衣服而待是知春秋之時猶有胎敎餘意也又按孟子母曰吾聞古有胎敎今適有之而欺之不信也是知戰國之世已無胎敎也道法也所謂玉版金櫃之書今略見大戴禮保傅篇中太任娠文王以下三十九字列女傳文太任文王母任姓摯國女也敎言不孫之言也敎一識百生知之至也卒終也祭法有祖有宗而周人以九月宗祀文王於明堂故曰周宗邑

54

名跌 音蹉

賈氏 名誼 新書 其所

姜成王母姜姓太公女也姙成王以下二十八字

亦大戴禮文跛蹇蹉跌皆喻其傾倫不正之貌

右第九章○此章引古人已行之事以實一篇之旨

胎教曰素成爲子孫婚妻嫁女必擇孝悌世世有行義者君子之教莫先於繫成而其責乃在於婦人故賢者擇之不肖者教之所以爲子孫慮也苟不達聖人道者其孰能與之爲去聲 與音預

胎教賈氏新書篇名繫成以下十九字是其文而亦本大戴禮繫成繫有所成指胎教也世世指彼

著任平聲下聲句去聲

家先世也責職任也賢不肖皆指婦人而言也擇娶賢婦人所以任胎教而若不得賢者則又當教之使行胎教故此書之不得不作蓋以是也

右第十章推言胎教之本○此章乃責丈夫使婦人因而極贊之

胎教新記章句大全

56

胎教新記附錄

師朱堂李氏夫人墓誌銘 幷序

師朱堂李氏全州人故木川縣監柳公諱漢奎之配春秋八十三 廿載太歲辛巳九月己巳二十二日終漢南之西陂寓廬遺令以先妣手簡一軸木川公性理答問一軸自寫擊蒙要訣一通藏諸錄中粤三月丁卯葬龍仁之觀青洞鏳峯下遷木川公柩合窆子儆後改名僖既顯追撰遺徽以來請銘曰夫人之姓系出 太支敬寧君裶十一代孫考昌植祖咸溥皆未顯妣晉州姜氏佐郎德彦女 英廟乙未十二月五日酉時生夫人子

57

淸州西面池洞村第 夫人幼循整女紅旣而希心古烈乃取小學家禮及女四書借續燈誦習逾年成一家語柳公序所云不減內訓女範者也纔冶毛詩尙書論語孟子中庸大學等書綜理微密辨解透晤李宗丈夫莫之先也在室爲父不肉不縣服佩古制動遵禮訓流馥下邑聲稱彌遠湖右先輩莫不歎賞時柳公喪其偶無意復娶聞夫人自笄年通經史行能殊異喜曰是必能奮事吾母委禽焉夫人入門尊姑年老眼昏多激惱承歡左右有順無違舅黨諸人曰新婦不知勞不知怨然禀性嚴恪根

禮博識人不可媟故諸娣閥閱世族小姑家貴富
且皆年長以倍特相敬重如見大賓柳公以伉儷
之重兼道義之交談討奧秘吟咏性情者爲知己
平生言議體憲考亭以爲氣質不離本然之性人
心不在道心之外援據的確根古之胎教不行於
今本經傳參歧黄旁搜奇逸著書三編是爲胎教
新記樹聖善之寶坊啓未來之華胄善世開物之
心達乎卷面窮居陋巷朝夕之不暇謀而惡欲不
行於己固辭剞劂之餽痛絶懷橘之養鮮潔自脩
孚於遠邇來往商婆不貳其價曰媽內豈欺我哉

胎教新記 二

59

別野贏資歲計而餘贖還山下祭田封修遠基廟
額預具後日祀用凡百幹辦多力所不逮嘗爲親
家經紀立後比晩年嗣又絶族人遽廢三世廟主
夫人痛絶于心曰餘生未亡忍見親廟之毁是亦
衆之類也爲之服素適大耋以后仍抱貞疾而坐
臥寄怡不出墳典李都正昌顯姜洗馬必孝嘗絡
人轉達質厥文疑李上舍勉訥李山林亮淵升堂
而拜自幸親炙其爲有識所重如此始夫人晝哭
孳率弱子女寄寓龍仁生人所求輒無有然諸子
女不以饑困廢業終能嫁娶成立於義訓之中徵

60

旣聰明博考多羽翼經史之功女長適秉節郞李
守默次進士李在寧次朴胤夔並著婦德東海母
儀知有自焉木川公系歷前夫人所生在右壙之
誌銘曰
懿夫人古女士括儒圖泝道揆垂物軌激芬藹歛
華采超氛滓延津合光烈紫鐺之麓北靈址侔高
壓石以記承政院右承旨石泉處士申綽撰

61

62

跋

毋氏在室習經讀我外王考曰觀古名儒毋無無文者吾且聽汝及歸我家衰敢前哲起居飮食諸節暨釐書孕婦禁忌末附經傳可敎儒子句語解以諺文成一冊子爲勿忘之工我先君子手題卷目曰敎子輯要旣育不肖等四男女冊子遂如得魚之筌二十有餘歲復出四姊箱中母氏歎曰此書要以自省初非以貽後旣偶存到爾手定不毁棄夫養蒙聖功自三日咳名以下備見傳記無庸吾更添獨腹中一敎古有其事今無其文已累千

63

年巾幗家曷從自覺而行之宜生才不逮古昔無
徒氣化之也吾自恨女子無以致讀書益更恐負
先人意嘗試之胎教凡四度果爾遺形氣無大盭
此書傳于家豈不亦有助於是刪去末附只取養
胎節目反覆發明務屬世迷命之曰新記以補少
儀內則舊闕也篇完後一年不肖節章句釋音義
適于母氏劬勞日斷筆亦異哉謹語一語尾之曰
嗚呼觀此書然後知儆為自賊者爾人但有善性
猶君子責使其充況氣質未始不粹乎此書即儆
厥初受也為教十月如是其摯儆在孩提不無少

異及孤以還狼狽焉顛覆焉一至今日焉今日鹵

莽豈由我父母適由徵自賊者晦盡我父母勤勞

使世人譏生子不肖何我父母誣也此此書不可

不傳庶觀者憫我父母留無穫也　純廟元年辛

酉三月二十七日癸卯不肖徵謹識

大대凡범사람가라칭이術술이만ᄒᆞ니童동蒙

몽으로붓허長쟝成셩함에이라기에안ᄒᆞ로賢

현父부兄형의教교導도와밧그로嚴엄師사友

우의有유益익함이無무非비變변化화氣긔質

질ᄒᆞ야君군子자의地디位위에이라게함이로

65

대至지於어胎대敎교之지方방은周쥬之지大
태任임이겨오하나이시라大대抵뎌受슈胎태
后후로붓허子자息식의知지覺각運운動동과
呼호吸흡喘쳔息식과飢긔飽포寒한暖난等등
事사ㅣ라도다어미랄따라性셩稟품을이루나
니그런즉胎태中즁에가라티난배엇디可가히
一일篇편書셔ㅣ업아리오是싀故고로우리慈
자闈위ㅣ博박通통經경史사하시고採채擷혀
羣군書셔하샤至지於어聲셩의鑑감俗속說셜이
라노바리디아니시니이글이한번나메天텬下

66

하에懷회姙임한女녀子자ㅣ子자息식을生생
育육하야疲피癃륭殘잔疾질을免면하고聰총
明명睿예知지가더하리니어미노릇한줄을비
로소알더라其기功공이豈긔小쇼哉재아이난
慈자闈위ㅣ우리四사男남女녀의試시驗험하
샤耳이目목口구鼻비의未미成셩함이업사니
이가그効효驗험이라내말이엇디私사私사하
리오高고明명하신識식見견이실로사람의아
지못하난일알게하심이니보난者쟈ㅣ맛당
히鑑감法법할띤저歲셰庚경午오秋츄七칠月

67

원旣긔望망에不불肖초長쟝女녀난謹근跋발

하노라

此차卷권인즉우리慈자闈위의지으신배라噫

희라우리慈자闈위ㅣ自자幼유로織직紝임紡

방績젹之지暇가에博박通통經경史사하여시

니다시大대道도에뜻을두샤理리氣긔性셩情

졍의學학을닯이시고房방外외書셔랄求구리

아니시며吟음詠영을더욱조화아니시니크게

時시俗속에다름이계신이라至지於어著져述

슐은不불過과古고人인의糟조粕박이라하샤

또한留유意의디아니시며特특别별이이랄셔
두오심은다만몸소試시驗험하신바로女녀婦
부랄보이랴신일이시나이졔보건대나갓한不
불肖초ㅣ잇으니셰상에뉘ㅣ胎태教교로써잇
부다하리오비록그르나또한그럿티아님이잇
으니不불肖초等등몃男남妹매가잉의無무事
샤長쟝成셩하야早조夭요惡악疾질者쟈ㅣ엽
고至지於어舍샤第뎨微경은乱弁哺포르붓허
出출類류한才졔性셩이잇고不불肖초三삼兄
형弟뎨도역시男子家가에得득罪죄랄免면하

69

니엇지우리慈자闈위ㅣ胎래에삼가신恩은德

뎌이아닌줄알니오可히恨한하옴은不블肖초

等등도受슈稟품인즉거의下하等등은免면할

너니자라옴으로本본質질을剛강勵려티못하

야맛참내破파器거랄免면티못히니悲비夫부

悲비夫부ㅣ로다歲셰庚경午오季계秋추初초

吉길에不블肖초小쇼女녀난謹근跋발하노라

○圭嘗慕方便子先生柳公經術文章之盛而意其

謂胚胎鍾毓之有不凡也日柳君近永責其高王

妣李淑人所著胎敎新記徠示予屬以卷尾之語

李氏乃方便子之大夫人也予盥讀訖斂衽敬歎
曰有是哉宜是母而有是子也竊觀其書首言性
命賦受之原氣質善惡之由次言夫婦居室之道
姙娠日用之節引經訓以實之參醫方以證之或
引物而取譬或假俗而存戒理義昭晳文章典雅
使天下之爲父母者曉然知胎敎之不可不謹而
方便翁又註以釋之諺以解之雖愚夫愚婦未或
難悟儘所謂憂之也深故其言之也切慮之也遠
故其說之也詳者也昔朱夫子之編小學也以太
任胎敎爲首而列女傳姙子之方次之聖賢敎人

胎敎新記敍　八二

71

端本清源之意蓋如是也是書本於小學首篇之
旨而言之詳且切有加焉垂世立敎孰有先於此
者乎向使早進王國印于書館頒示爲天下敎則
豈不生育得多少俊英而寥寥數百載藏弆于一
家私篋則雖欲無才難之歎得乎近永甫惧家獻
之湮沒慨世敎之陵夷將刊印是書公于一世可
謂篤於孝慕而爲志亦不苟矣世之讀者苟能玩
味而體行之則東邦人才之盛其庶幾乎丙子重
陽節永嘉權相圭謹書

此胎敎新記李氏夫人師朱堂所著書也人之生

72

均受天之所賦予而其容貌之姸媸才藝之智愚有萬不齊者抑又何哉小學列女傳曰婦人姙子寢處坐立飮食之節必以其道則生子形容端正才過人矣古人已實驗行之豈可以微獨而忽之也師朱堂夫人生乎仙李之華閥博通經史百家歸乎晉柳之名門恭執內則諸訓己是閨壼中女士旁究子育之道以謂教之於胎胎之中母之職也教之於長成之時父師之責也於是乎以是母生是子卽上舍南岳柳公諱儆也始也姿相出類終焉文行絶世豈非胎教之有以致此耶南岳公

73

一自孤露按出古箱中深藏之此記感手澤之尚
存懼懿戒之或泯旣註釋於章句且謄諺於編尾
俾便男女各自省觀其綱領條目也大而天地陰
陽之交泰風雨雷霆之相剝細而吉凶之不相襍
邪正之不相容粲然具備較諸向所云列女傳尤
極詳密此婦人之實鑑也我族弟鍾洙甫向余道
此記之珍貴而師朱堂玄孫近永自東華來寓襄
陽追從甚好云以其又恬澹文雅之爲適家人也
近永甫已鈔弄南岳遺稿幾十卷力絀而留竢鋟
繡擬先此一局刋布於遠邇要我記實于卷端使

74

世之人一經眼則輻湊購覽行見兩京紙貴之美譚何待讚揚特賀近永甫追孝之誠世濟不匱云爾丁丑仲春眞城李忠鎬謹跋

夫婦一家之天地也造端贊育盖有道焉古者有胎教之法以是也後世知道者鮮旣或不謹於居室且其娠育也一聽於氣化之自爾而不小致力於己所當爲人品之生顧安得不衰替矣乎惟師朱堂李淑人生璿源禮法之門早承家學深有所造適柳氏而配賢君子得行其所學克盡婦道及其姙四子女輒皆教於未生一如列女傳所云而

75

胤子西陂先生以鴻才明智卒能邃於文學爲世名儒此其爲胎教之驗也淑人嘗因其平日踐歷者著爲一書名曰胎敎新記見其引喻該博節目詳備實有前人所未發苟非仁淑明睿徹人理而贊天化者其能得與於此哉蓋古女士之能文章者或無德可稱而有德者又無文可傳若淑人者卓乎其無與儔者歟西陂翁嘗解釋是書使人曉然易知其述先徽爲後慮者至矣至久在巾笥識者恨之玄孫近永甫慨然發慮圖所以鋟梓而壽傳請余一言識其尾旣懇辭不獲則乃斂袵而言

76

曰不亦善乎祖先之文孰非可重而是書之有關
於世教尤非尋常咳唾之比也世之巾幗家能以
淑人爲法則是以致一家之位育而不患夫生才
之不遠古昔也是編之行豈非吾東方之一大偉
歟於乎休哉丁丑春分節永嘉權斗植謹識

此胎教新記吾高王妣淑人完山李氏師朱堂之
所著書也其跡重奇異而可嘉惠寶鑑類於此書
者幾希於古今諸書也自古立言垂軌以男子言
之非人人所能也而況於婦人乎聖王之經義傳
旨蓋其生后成人之效也而此書宗旨乃在於生

胎教新記跋 十二

77

民厥初之受也彼璇璣織錦之詞玉樓少年之篇
才則才矣過於哀傷欠於貞靜之德矣而此篇則
詞章之反覆排列簡重正肅可以補戴記之久闕
也自任姒之後履此胎教之法者千古無幾而蓋
是淑人踐履之實記也嗚呼淑人一生所著不爲
不多而於易簀之日命之曰女書不緊於世也皆
可燬之獨此一書則當傳之于家使兒女輩鑑考
焉所以此書之猶存於今日者也噫淑人之謦咳
永秘一書僅存而凡我孱孫輩零替無狀使此書
終未免世遠湮沒之歎故不肖昕夕痛恨幾殫緜

78

力而付之剞劂附以墓誌一篇用作家傳之懿訓
云爾歲丙子至月念五日不肖玄孫近永泣血謹
識

79